普通高等教育"十二五"规划教材

高等院校物联网专业系列教材

物联网技术及其实验

胡　静　沈连丰　编著

科学出版社

北　京

内 容 简 介

本书介绍了物联网的核心技术，并给出对应的实验。全书分为 12 章，包括：物联网基础理论、RFID 基础、RFID 读写功能、RFID 标签防冲突识别、2.4GHz RFID 系统读取标签信息实验、物联网节点外设控制、基于物联网的数据无线收发及远程控制、传感器基本功能、RFID 系统接入蜂窝网络实验、物联网嵌入式软件开发、物联网在智能家居和智慧农业的开发案例等。深入浅出地介绍了工作原理、实验设备与环境、实验内容、实验步骤以及预习和实验报告要求。读者通过阅读和参与实验得以体验与学习物联网关键技术，同时每个实验也可以延伸为研究开发平台。本书还有配套的实验和开发设备。

本书既可作为高等院校物联网、通信、信息、电子、自动控制、计算机科学与工程等专业的本科生教材及实验指导书，也可供研究生和有关科学研究和产品开发人员使用。

图书在版编目（CIP）数据

物联网技术及其实验 / 胡静，沈连丰编著. —北京：科学出版社，2014.6
普通高等教育"十二五"规划教材·高等院校物联网专业系列教材
ISBN 978-7-03-041245-4

Ⅰ. ①物… Ⅱ. ①胡… ②沈… Ⅲ. ①互联网络-应用-高等学校-教材 ②智能技术-应用-高等学校-教材 Ⅳ. ①TP393.4 ②TP18

中国版本图书馆 CIP 数据核字（2014）第 128337 号

责任编辑：潘斯斯 于海云 / 责任校对：桂伟利
责任印制：徐晓晨 / 封面设计：迷底书装

科学出版社出版
北京东黄城根北街 16 号
邮政编码：100717
http://www.sciencep.com

北京建宏印刷有限公司 印刷
科学出版社发行 各地新华书店经销

＊

2014 年 6 月第 一 版 开本：720×1000 B5
2019 年 3 月第四次印刷 印张：13 1/2
字数：272 000
定价：45.00 元
（如有印装质量问题，我社负责调换）

前　言

物联网是继计算机、互联网和移动通信之后的新一轮信息技术革命。顾名思义，物联网就是"物物相连的互联网"。因此，物联网是通过射频识别(RFID)、各种传感器、全球定位系统(GPS)、激光扫描器等信息传感设备，按约定的协议，把任何物体与互联网相连接，进行信息交换和通信，以实现对物体的智能化识别、定位、跟踪、监控和管理的一种网络，它具有唯一标识、全面感知、可靠传输、智能处理等特征。近年来，中国一直积极推进物联网产业的发展。2009年，我国国家领导人发表了题为《让科技引领中国可持续发展》的讲话，其中提到要着力突破传感网、物联网的关键技术，及早部署后IP时代相关技术研发，使信息网络产业成为推动产业升级、迈向信息社会的"发动机"。《国家中长期科学与技术发展规划(2006—2020年)》和"新一代宽带移动无线通信网"重大专项中分别将传感网和物联网列入重点研究领域，"加快物联网的研发应用"还写入了国务院的《政府工作报告》。

作为国家倡导的新兴战略性产业，物联网备受各界重视，并成为就业前景广阔的热门领域，使得物联网成为各家高校争相申请的一个新专业。毕业生主要就业于与物联网相关的企业、行业，从事物联网的通信架构、网络协议和标准、无线传感器、信息安全等的设计、开发、管理与维护，也可在高校或科研机构从事科研和教学工作。目前，教育部审批设置的高等学校战略性新兴产业本科专业中有"物联网工程"、"传感网技术"和"智能电网信息工程"三个与物联网技术相关的专业。相对于现在大学生毕业就业难的情况，物联网领域却急需这方面的专业人才，同时物联网行业内前景大好，这也是成为高校热门专业的一个重要原因。从我国的工业与信息化部以及各级政府所颁布的规划来看，物联网在未来十年之内必然会迎来其发展的高峰期，而物联网技术人才也势必将会迎来一个美好时代。因为物联网是个交叉学科，涉及通信技术、传感技术、网络技术以及RFID技术、嵌入式系统技术等多项知识，想在本科阶段深入学习这些知识的难度很大，学生需要从与物联网有关的知识着手，找准专业方向、夯实基础，同时增强实践与应用能力。本书力图理论联系实际，从实验的角度让读者参与进来，使之对物联网的基本原理、体系结构、实现方法等产生感性认识和实际的经验，对于其掌握最新技术、理论联系实际、提高学校的教学质量和增强学生的就业竞争力，将会起到积极作用。

笔者所在的东南大学移动通信国家重点实验室教学科研团队，开展了10多年的通信工程专业教学改革实践，尝试将承担的国家级重大科研项目和研究成果转化为教学资源。在多个国家级、省部级教改项目的支持下，特别是结合"通信工程"

国家二类特色专业的建设，在通信工程课程教学和实践等方面进行了大量的改革，开设了融理论和实践于一体的"通信新技术及其实验"、"短距离无线通信技术"、"嵌入式系统及其开发应用"、"物联网技术及其实验"等多门新技术课程。团队开发的实验设备先后被香港中文大学、浙江大学、国防科学技术大学、湖南大学、南京航空航天大学、南京理工大学、南京邮电大学等近百所高校选用，同行们的好评是对我们极大的鼓舞和鞭策。团队的教学实践成果"将前沿科技融入通信工程专业教学的改革与实践"荣获 2011 年度江苏省高等教育教学成果一等奖。

本书涉及的知识点主要有 RFID 技术、传感器技术、ZigBee 技术以及嵌入式开发技术等。全书分为 12 章，包括：物联网基础理论、RFID 基础、RFID 读写功能、RFID 标签防冲突识别、2.4GHz RFID 系统读取标签信息实验、物联网节点外设控制、基于物联网的数据无线收发及远程控制、传感器基本功能、RFID 系统接入蜂窝网络实验、物联网嵌入式软件开发、物联网在智能家居和智慧农业的开发案例等。深入浅出地介绍了每个实验涉及的工作原理、实验设备与环境、实验内容、实验步骤以及预习和实验报告要求。笔者及其团队基于东南大学移动通信国家重点实验室和南京东大移动互联技术有限公司所研制的物联网教学实验设备，作为本书的实验平台，推荐与本书配套使用。

本书既可作为高等院校物联网、通信、信息、电子、自动控制、计算机科学与工程等专业的本科生教材及实验指导书，也可供研究生以及有关科学研究和产品开发人员使用。建议课程安排 40 学时，2 学分，其中实验授课 10 学时，实验辅导 30 学时，要求学生每次实验后都要认真撰写并提交实验报告，教学中可根据实际需要和学生的知识背景安排各部分实验，可以分为演示学习、学生动手操作和研发设计三个层次。南京东大移动互联技术有限公司参与了实验设备的研制并负责产品的市场推广和售后服务，有需要的读者可以浏览其网页(http://www.semit.com.cn)或者电话联系(025-84455801)。

本书及其推荐的实验开发系统虽已在多个院校应用并在提高教学质量和学生创新能力方面发挥了一定的作用，但限于时间和水平，本书的编写和推荐的实验系统、给出的开发案例还存在疏漏和不当之处，敬请使用本书和实验设备的师生及读者不吝指正。

作 者

2014 年 5 月

目　　录

第 1 章　物联网基础理论

1.1　引　　言

物联网是继计算机、互联网和移动通信之后的新一轮信息技术革命。物联网的英文名称为 Internet of Things，简称 IoT。顾名思义，物联网就是"物物相连的互联网"。因此，物联网是通过射频识别(RFID)、红外感应器、全球定位系统(GPS)、激光扫描器等信息传感设备，按约定的协议，把任何物体与互联网相连接，进行信息交换和通信，以实现对物体的智能化识别、定位、跟踪、监控和管理的一种网络。它具有唯一标识、全面感知、可靠传输、智能处理等特征。

"物联网"的概念最早出现于 1999 年，由美国麻省理工学院 Auto-ID 研究中心首先提出。当时的物联网主要是建立在物品编码、RFID 技术和互联网的基础上。它是以美国麻省理工学院 Auto-ID 中心研究的产品电子代码 EPC(Electronic Product Code)为核心，利用射频识别、无线数据通信等技术，基于计算机互联网构造的实物互联网。

本章从物联网的定义、发展、框架、主要技术和应用以及未来展望等方面阐述物联网，使读者对物联网基本结构体系有较深入的了解。

1.2　物联网的定义

1.2.1　政府等机构对物联网的定义

目前，不同领域的研究者对物联网的描述侧重于不同的方面，短期内还没有达成共识。另外物联网的概念与内涵也在不断地发展。

下面给出几个具有代表性的物联网定义：

物联网就是把所有物品通过射频识别(RFID)和条码等信息传感设备与互联网连接起来，实现智能化识别和管理。其实质就是将 RFID 技术与互联网相结合并加以应用。

——1999 年由麻省理工学院 Auto-ID 研究中心首先提出

物联网主要解决物品到物品(Thing to Thing, T2T)、人到物品(Human to Thing, H2T)、人到人(Human to Human, H2H)之间的互联。

——国际电信联盟(ITU)发布的《ITU 互联网报告 2005：物联网》

物联网是由具有标识、虚拟个性的物体/对象所组成的网络，这些标识和个性等信息在智能空间使用智慧的接口与用户、社会和环境进行通信。

——欧洲智能系统集成技术平台(EPoSS)发布的《Internet of Things in 2020》报告

物联网是未来互联网的一个组成部分，可以被定义为基于标准的和可互操作的通信协议，且具有自配置能力的、动态的全球网络基础架构。物联网中的"物"具有标识、物理属性和实质上的个性，使用智能接口实现与信息网络的无缝整合。

——欧盟第七框架下 RFID 和物联网研究项目组发布的研究报告

物联网是通过传感设备按照约定的协议，把各种网络连接起来，进行信息交换和通信，以实现智能化识别、定位、跟踪、监控和管理的一种网络。

——我国 2010 年的政府工作报告

从产业链角度看，物联网的产业链与当前的通信网络产业链是类似的，但最大的不同点在于上游新增了 RFID 和传感器，下游新增了物联网运营商。其中 RFID 和传感器是给物品贴上身份标识和赋予智能感知能力，物联网运营商通常提供海量数据处理和信息管理服务。

1.2.2　物联网与其他网络之间的关系

物联网与传感器网络、互联网以及泛在网等网络有着密切的关系。

传感器网络以对物理世界的数据采集和信息处理为主要任务，以网络为信息传递载体，实现物与物、物与人之间的信息交互，提供信息服务的智能网络信息系统。有的专家认为，物联网就是传感网，只是给人们生活的环境中的物体安装传感器。但是这样设定的后果，会使得物联网的外延缩小。物联网如果仅仅作为传感网，物在联网之后，只需服从控制中心的指令，而各系统的控制中心则是互相分离的；如果作为互联网的延伸，则可以将所有联网的系统与节点有机地连成一个整体，起到互相协同的作用。能够明显看出，传感网只是一个较小的概念，完全可以将其包容在作为互联网的扩展形式的物联网的概念之内，传感网技术可以认为是物联网实现感知功能的关键技术。

同时，物联网并不是互联网的翻版，也不是互联网的一个接口，而是互联网的一种延伸，是虚拟世界向现实世界的进一步延伸。物联网作为互联网的扩展，具备了互联网的特性，但是又进一步增强了互联网的能力。虚拟世界的信息量在物联网时代会急速增加，人人间通信会扩展到人人、物物、人物间通信，信息化的触角在现实中扎得更深，这是最明显的不同。

泛在网络(Ubiquitous Computing)也被称作无所不在的网络，最早见于施乐首席科学家 Mark Weiser 在 1991 年发表的题为《21 世纪的计算》的文章。泛在网络是为了打破地域限制，实现人与人、人与物、物与物之间按需进行的信息获取、传递、存储、认知、决策、使用等服务。人们可以在意识不到网络存在的情况下，随时随地通过适合的终端设备上网并享受服务。泛在网络要求尽量不改变或少改变现有设备及技术，通过异构网络之间的融合协同作用来实现。

从二者的定义上来看，物联网和泛在网有很多重合的地方，都强调物物之间、人物之间的通信，物联网的应用也有泛在化的需求和特征。但是从广度上来说，泛在网络的概念反映了信息社会发展的远景和蓝图，具有比物联网更广泛的内涵。泛在网络可以认为是一个大而全的蓝图，而物联网是该蓝图目前实施中的物联阶段。

综上所述，可以认为传感网是物联网的组成部分，物联网是互联网的延伸，泛在网是物联网发展的前景。

1.3　物联网的发展

1.3.1　历史

1995 年，比尔·盖茨在《未来之路》中首次描述物联网的场景。

1999 年，麻省理工学院正式提出"物联网"的概念。

2005 年，ITU 发布了关于"物联网"的专题报告。此后产生了"机器通信、泛在计算、感知网络"等新的名词，但进展总是低于预期。

2009 年，随着美国新能源战略的出台，以及 IBM 的"智慧地球"等营销词汇的出现，"物联网"再次"火"起来。

自从 2009 年 8 月 7 日，国务院总理温家宝来到中国科学院无锡高新微纳传感网工程技术研发中心考察并发表重要讲话后，"物联网"这一概念在中国迅速走红，各地相继成立了各种与物联网有关的组织。沪深股市一夜间打造出了新的板块——"物联网板块"，与物联网相关公司的股票也一涨再涨，掀起了一阵物联网狂潮。

1.3.2　发展现状

1）欧盟

2008 年 10 月，欧洲物联网大会在法国召开。会议就 EPCglobal 网络架构在经济、安全、隐私和管理等方面问题进行广泛交流，为建立一套公平的、分布式管理的唯一标识符达成了共识，提出了 10 项建议。针对这 10 项建议，欧盟提出了 12 项具体的行动。自 2007 年到 2010 年，欧洲已经投入 27 亿欧元。目前欧盟已将物联网及其核心技术纳入到预算高达 500 亿欧元并开始实施的欧盟"第七个科技框架计划（2007—2013 年）"中。这也是 1994 年以电信业为代表的"欧洲之路"战略、1999 年 e-Europe 战略的最新延伸。

2）美国

2008 年 11 月，美国 IBM 公司总裁彭明盛在纽约对外关系理事会上发表了题为《智慧的地球：下一代领导人议程》的讲话，正式提出"智慧的地球"（Smarter Planet）

设想。奥巴马就任总统后，把"宽带网络等新兴技术"定位为振兴经济、确立美国全球竞争优势的关键战略，并在随后出台的总额 7870 亿美元《经济复苏和再投资法》(Recovery and Reinvestment Act)中对上述战略建议具体加以落实。

3）日本

日本的 U-Japan 计划通过发展"无所不在的网络"（U 网络）技术催生新一代信息科技革命。日本 U-Japan 战略的理念是以人为本，实现所有人与人、物与物、人与物之间的连接，即所谓 4U(Ubiquitous：无所不在，Universal：普及，User-oriented：用户导向，Unique：独特）。2009 年 8 月，日本又将 U-Japan 升级为 I-Japan 战略，提出"智慧泛在"构想，将传感网列为其国家重点战略之一，致力于构建一个个性化的物联网智能服务体系，充分调动日本电子信息企业积极性，确保日本在信息时代国家竞争力始终位于全球第一阵营。

4）韩国

韩国是全球首个提出 U 战略的国家之一，也实现了类似日本的发展。韩国成立了以总统为首的国家信息化指挥、决策和监督机构—"信息化战略会议"及由总理负责的"信息化促进委员会"，为 U-Korea 信息化建设保驾护航。2009 年 10 月 13日韩国通信委员会出台了《物联网基础设施构建基本规划》，将物联网市场确定为新增长动力。

5）中国

2009 年 8 月，我国总理温家宝在考察无锡高新微纳传感网工程技术研发中心时指出，要积极创造条件，在无锡建立中国的传感网中心（"感知中国"中心），发展物联网。2009 年 11 月，我国国家领导人在人民大会堂向科技界发表了题为《让科技引领中国可持续发展》的讲话，其中提到要着力突破传感网、物联网的关键技术，及早部署后 IP 时代相关技术研发，使信息网络产业成为推动产业升级、迈向信息社会的"发动机"。2010 年 3 月，"加快物联网的研发应用"第一次写入中国政府工作报告。

《国家中长期科学与技术发展规划(2006－2020 年)》和"新一代宽带移动无线通信网"重大专项中，均将传感网列入重点研究领域。工业和信息化部开展物联网的调研，计划从技术研发、标准制定、推进市场应用、加强产业协作 4 个方面支持物联网发展。同时，各部门、各地区积极响应，纷纷出台各项举措，推动物联网发展。

目前物联网在我国的发展形态主要以 RFID、M2M、传感网网络 3 种为主，主要依托于科研项目、科研成果的示范，在物联网的国际标准制定方面已经具有了一定的发言权，形成了具有自主知识产权的核心技术和标准，提高我国在物联网领域内的竞争力。物联网的应用已经扩展到交通运输、食品安全、电网管理、公共服务等多个方面。

1.4　物联网的架构

物联网系统有 3 个层次，一是感知层，即利用 RFID、传感器、二维码等随时随地获取物体的信息；二是网络层，通过各种电信网络与互联网的融合，将物体的信息实时、准确地传递出去；三是应用层，把感知层得到的信息进行处理，实现智能化识别、定位、跟踪、监控和管理等实际应用。物联网技术体系架构如图 1-1 所示。

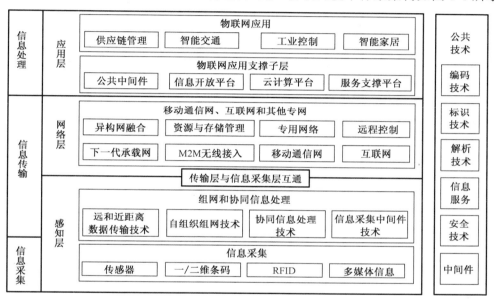

图 1-1　物联网技术体系架构

1.4.1　感知层

感知层，顾名思义就是感知系统的一个层面。这里的感知主要就是指系统信息的采集。感知层就是通过一维/二维条码、射频识别（RFID）、传感器、红外感应器、全球定位系统等信息传感装置，自动采集与所有物品相关的信息，并传送到上位端，完成传输到互联网前的准备工作。

1.4.2　网络层

物联网的网络层可以理解为搭建物联网的网络平台，建立在现有的移动通信网、互联网和其他专网的基础上，通过各种接入设备与上述网络相连，如手机付费系统中由刷卡设备将内置手机的 RFID 信息采集、上传到互联网，在网络层完成后台鉴权认证并从银行网络划账。

在物联网架构图中，我们可以清楚地看到位于第二层的网络层起到了连接上下两层的作用。网络层的作用就是当感知层中的感应设备将物品信息传输到网络节点后，再通过网络层中的移动通信网络、互联网和其他专用网络连接各个服务器，以使客户可以根据自己的需要获取物品信息。

1.4.3　应用层

"物联网"概念的问世，打破了之前的传统思维。过去的思路一直是将物理基础设施和 IT 基础设施分开：一方面是机场、公路、建筑物，而另一方面是数据中心、个人计算机、宽带等。而在"物联网"时代，钢筋混凝土、电缆将与芯片、宽带整合为统一的基础设施。在此意义上，基础设施更像是一块新的地球工地，世界的运转就在它上面进行，其中包括经济管理、生产运行、社会管理乃至个人生活。

应用层主要包含应用支撑子层和应用子层。其中应用支撑子层用于支撑跨行业、跨应用、跨系统之间的信息协同、共享、互通的功能，主要包括公共中间件、信息开放平台、云计算平台和服务支撑平台。应用子层主要包括智能交通、供应链管理、智能家居、工业控制等行业应用。

1.5　物联网的主要技术

在物联网技术架构图（图 1-1）中我们还可以看到物联网涉及到的公共技术，例如：传感器技术、编码技术、标识技术、解析技术、短距离无线传输技术、安全技术，以及中间件技术等。

1.5.1　传感器技术

传感器是一种检测装置，能感受到被测的信息，并能将检测感受到的信息，按一定规律变换成为电信号或其他所需形式的信息输出，以满足信息的传输、处理、存储、显示、记录和控制等要求。它是实现自动检测和自动控制的首要环节。在物联网系统中，对各种参量进行信息采集和简单加工处理的设备，被称为物联网传感器。

传感器的分类方法多种多样。根据输入物理量可分为：位移传感器、压力传感器、速度传感器、温度传感器及气敏传感器等。根据工作原理可分为：电阻式、电感式、电容式等。根据输出信号的性质可分为：模拟式传感器和数字式传感器。根据能量转换原理可分为：有源传感器和无源传感器。有源传感器将非电量转换为电能量，如压电式、磁电式传感器等；无源传感器不起能量转换作用，只是将被测非电量转换为电参数的量，如电阻式、电感式及电容式传感器等。

传感器是摄取信息的关键器件，它是物联网中不可缺少的信息采集手段，也是采用微电子技术改造传统产业的重要方法，对提高经济效益、科学研究与生产技术的水平有着举足轻重的作用。传感器技术水平高低不但直接影响信息技术水平，而且还影响信息技术的发展与应用。目前，传感器技术已渗透到科学和国民经济的各个领域，在工农业生产、科学研究及改善人民生活等方面，起着越来越重要的作用。

1.5.2　编码技术

物品编码是物联网的基础。物品编码是物品在信息网络中的身份标识。没有物品编码，网络中就没有"物"，因此，物品编码是物联网的基础。物品编码体系的建立必须以物品编码标准化为前提。编码技术是描述数据特性的信息技术，规定了信息段的含义，为标识物品提供技术保障；标识技术是根据物品的特性来描述设备，它是编码的物理实现，比如：设备的编码和标识、信息的编码和标识等。编码的目的就是为了要识别物品的特性，也就是说人们为了能够分清不同的物品及其特性，需要赋予物品唯一的编号。但是在编号的同时也要求各部门采用同样的编码规则，这样做的目的就是为了使大多数物品有统一的编码规则，从而使物品的编码有唯一性。为了能够识别不同的物品，编码的唯一性是非常重要的。

GS1 全球统一标识系统是国际物品编码协会开发、管理和维护，在全球推广应用的一套编码及数据自动识别标准。其核心价值就在于采用标准化的编码方案，解决在开放流通环境下商品、物流、服务、资产等特征值唯一标识与自动识别的技术难题。该系统能确保标识代码在全球范围内的通用性和唯一性，克服了企业使用自身的编码体系只能在闭环系统中应用的局限性，有效地提高了供应链的效率，推动了电子商务的发展。GS1 编码体系如图 1-2 所示。

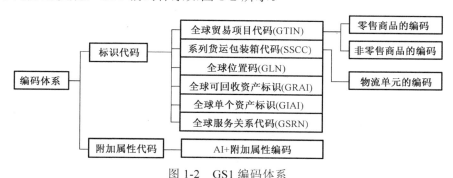

图 1-2　GS1 编码体系

1.5.3　标识技术

标识存在于我们的生活中，在物联网中当然也存在标识。通过对物品的标识能够使我们清楚物品的各种信息。这一点对于信息的采集是非常重要的，如果没有对物品的标识，就没有办法对物品信息进行采集，这样使得在物联网末端的信息采集没有办法进行，那物联网"物物相联"的最终目标就没有办法达成。

　　标识技术是为了能够达到标识目的的技术，是指通过不同的载体去表现条码信息，就是说用什么方式将信息写入设备。我们通常所说的对物品信息的载体主要有一/二维条码、射频识别技术(RFID)等。几种常见的二维条码如图1-3所示。

四一七条码　　　　　　　　　　GODE49　　　　　　　　　　GODE16K

Code one　　　　1234567890123456789012　　　　汉信码
　　　　　　　　　　Data Matrix

图 1-3　几种常见的二维条码

　　RFID 是 20 世纪 90 年代开始兴起的一种自动识别技术，它利用射频信号通过空间电磁耦合实现无接触信息传递，并通过所传递的信息实现物体识别。RFID 既可以看作一种设备标识技术，也可以归类为短距离传输技术。RFID 系统主要由 3 部分组成：电子标签(Tag)、读写器(Reader)和天线(Antenna)。其中，电子标签芯片具有数据存储区，用于存储待识别物品的标识信息；读写器是将约定格式的待识别物品的标识信息写入电子标签的存储区中(写入功能)，或在读写器的阅读范围内以无接触的方式将电子标签内保存的信息读取出来(读出功能)；天线用于发射和接收射频信号，一般内置在电子标签和读写器中。如图1-4所示为一个典型的电子标签的组成。

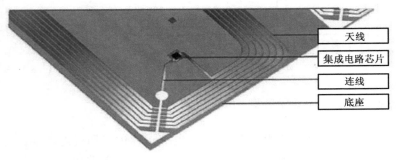

天线
集成电路芯片
连线
底座

图 1-4　电子标签的组成

1.5.4　解析技术

对于一个开放式的、全球性的追踪物品的网络需要一些特殊的网络架构。由于 RFID 标签中只存储了产品电子代码，计算机需要有一些将产品电子代码匹配到相应产品信息的方法。物联网中的名称解析服务(IOT Name Service，IOT-NS)就起到了这么一个作用。它是一个自动的网络服务系统，类似于域名解析(Domain Name Service，DNS)，DNS 是将一台计算机定位到互联网上的某一具体地点的服务。在 EPC 系统中这部分功能称为对象名称解析(Object Name Service，ONS)。

编码解析是实现信息互通的核心，如果说物品编码实现了"物"与信息网络的互联，那么，物品编码的解析则是实现信息的互通。

物品编码的解析需要由一系列的技术标准、管理标准、法律法规来支持。

ONS 是负责将标签 ID 解析成其对应的网络资源地址的服务。例如，客户有一个请求，需要获得标签 ID 号为"123……"的一瓶药的详细信息，ONS 服务器接到请求后将 ID 号转换成资源地址，那么资源服务器上(一般放在制药的厂家)存有这瓶药的详细信息，例如生产日期、配方、原材料供应商等。图 1-5 说明了 ONS 在 EPC 系统中的作用。

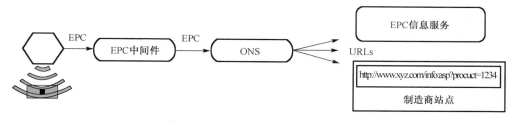

图 1-5　ONS 在 EPC 系统中的作用

1.5.5　短距离无线传输技术

目前物联网中使用最为普遍的短距离无线传输技术为 ZigBee 和蓝牙技术。下面分别简单地加以介绍。

ZigBee 是一种短距离、低功耗的无线传输技术，是一种介于无线标记技术和蓝牙之间的技术。ZigBee 采用分组交换和跳频技术，并且可使用 3 个频段，分别是 2.4GHz 的公共通用频段、欧洲的 868MHz 频段和美国的 915MHz 频段。ZigBee 主要应用在短距离范围且数据传输速率不高的各种电子设备之间。与蓝牙相比，ZigBee 更简单、速率更慢、功率及费用也更低。同时，由于 ZigBee 技术的低速率和通信范围较小的特点，也决定了 ZigBee 技术只适合于承载数据流量较小的业务。由于 ZigBee 技术具有成本低、组网灵活等特点，可以嵌入各种设备，在物联网中发挥重要作用。其目标市场主要有 PC 外设(鼠标、键盘、游戏操控杆)、消费类电子设备(电视机、CD、VCD、DVD 等设备上的遥控装置)、家庭内智能控制(照明、煤气计量控制及报警等)、玩具(电子宠物)、医护(监视器和传感器)、工业控制(监视器、传感器和自动控制设备)等，领域非常广阔的。

蓝牙(Bluetooth)是一种无线数据与语音通信的开放性全球规范，和 ZigBee 一样，也是一种短距离的无线传输技术。其实质内容是为固定设备或移动设备之间的通信环境建立通用的短距离无线接口，将通信技术与计算机技术进一步结合起来，使各种设备在无电线或电缆相互连接的情况下，能在短距离范围内实现相互通信或操作的一种技术。蓝牙采用高速跳频(Frequency Hopping)和时分多址(Time Division Multiple Access，TDMA)等先进技术，支持点对点及点对多点通信。其传输频段为全球公共通用的 2.4GHz 频段，能提供 1Mbit/s 的传输速率和 10m 的传输距离，并采用时分双工传输方案实现全双工传输。蓝牙作为一种电缆替代技术，主要有以下 3 类应用：语音/数据接入、外围设备互连和个人局域网(PAN，简称个域网)。在物联网的感知层，主要用于数据接入。蓝牙技术有效地简化了移动通信终端设备之间的通信，也能够成功地简化设备与互联网之间的通信，从而使数据传输变得更加迅速高效，为无线通信拓宽了道路。

除以上两种技术外，Wi-Fi、红外、UWB 以及可见光通信等无线通信技术也有各自不同的应用领域。

1.5.6　安全技术

物联网系统越来越广泛地应用于生产和生活的各个方面，特别是在军事、医疗和交通运输等方面的应用关系到人民的生命和国家的稳定。物联网除了传统网络安全威胁之外，还存在着一些特殊安全问题。这是由于物联网是由大量的机器构成的，缺少人对设备的有效监控，并且数量庞大、设备集群度高。物联网特有的安全威胁主要有以下几个方面：

(1)节点攻击。由于物联网的应用可以取代人来完成一些复杂、危险和机械的工作，所以物联网机器/感知节点多数部署在无人监控的场景中。一方面，攻击者就可以轻易地接触到这些设备，甚至通过本地操作更换机器的软硬件，从而对它们造成破坏；另一方面，攻击者可以冒充合法节点或者越权享受服务，因此，物联网中有可能存在大量的损坏节点和恶意节点。

(2)重放攻击。在物联网标签体系中无法证明此信息已传递给阅读器，攻击者可以获得已认证的身份，再次获得相应服务。

(3)拒绝服务攻击。一方面，物联网 ONS 以 DNS 技术为基础，ONS 同样也继承了 DNS 的安全隐患，例如 ONS 漏洞导致的拒绝服务攻击、利用 ONS 服务作为中间的攻击放大器去攻击其他节点或主机等。另外，由于物联网中节点数量庞大，且以集群方式存在，因此会导致在数据传播时，由于大量机器的数据发送使网络拥塞，产生拒绝服务攻击。攻击者利用广播 Hello 信息，以及通信机制中优先级策略、虚假路由等协议漏洞，同样可以产生拒绝服务攻击。

（4）篡改或泄漏标识数据。攻击者一方面可以通过破坏标签数据，使得物品服务不可使用；另一方面窃取或者伪造标识数据，获得相关服务或者为进一步攻击做准备。

（5）权限提升攻击。攻击者通过协议漏洞或其他脆弱性使得某物品获取高级别服务，甚至控制物联网其他节点的运行。

（6）业务安全。传统的认证是可区分不同层次的，网络层的认证负责网络层的身份鉴别，业务层的认证负责业务层的身份鉴别，两者独立存在。但是在物联网中，大多数情况下，机器都有专门的用途，因此，其业务应用与网络通信紧紧地绑在一起。由于网络层的认证是不可缺少的，那么其业务层的认证机制就不再是必需的，而是可以根据业务由谁来提供和业务的安全敏感程度来设计。

（7）隐私安全。在未来的物联网中，每个人及每件物品都将随时随地连接在这个网络上，随时随地被感知。在这种环境中如何确保信息的安全性和隐私性，防止个人信息、业务信息和财产丢失或被他人盗用，将是物联网推进过程中需要突破的重大障碍之一。

由于物联网连接和处理的对象主要是机器或物以及相关的数据，其"所有权"特性导致对物联网信息安全要求比以处理"文本"为主的互联网要高，对"隐私权"（Privacy）保护的要求也更高，此外还有可信度（Trust）问题。因此，针对物联网系统的安全需求，应当采用成熟的网络安全技术对不同的网络层实施保护。我们可以利用移动网络的认证和加密机制为物联网提供安全保障，并针对物联网的安全机制进行补充和调整。物联网安全技术体系包括物理安全、安全计算环境、安全区域边界、安全通信网络、安全管理中心、应急响应恢复与处置 6 个方面，涉及访问控制、入侵检测等 40 多种安全技术。

1.6　物联网的应用

在中国，物联网技术已从实验室阶段走向实际应用，国家电网、机场保安等领域已出现物联网身影。如海尔集团目前也在其所有生产的家电产品中安装传感器；位于无锡新区的无锡传感网工程中心与上海世博会和浦东机场签下 3000 万"防入侵微纳传感网"订单；我国销量最大的酒类品牌之一五粮液，其防伪系统就使用了 RFID 防伪和追溯管理的物联网技术；中国科技馆新馆将启用 RFID 电子门票，这样就可在后台的计算机终端反映出持有人的相关信息，实现门票与个人信息的绑定，从而可为观众提供更多的个性化服务；江西电网利用传感和测量技术监控全网 2 万多台配电变压器，一年降低电损 1.2 亿千瓦时；深圳 24 小时自助图书馆将 RFID 技术引入文化领域，解决了文献定位导航难、错架乱架多、难以精确典藏等问题，取得了图书馆的智能管理系统和自助服务模式的创新。物联网在中国已开始走入生活，从战略高度走向产业层面。

物联网的应用领域十分广阔，在智能家居、智能交通、供应链物流管理、未来超市、安全监控、工业控制、军事应用均有应用。下面分别举例说明。

1.6.1 智能家居

通常认为，智能家居就是以住宅为平台，兼备建筑、网络通信、信息家电、设备自动化，集系统、结构、服务、管理等功能的高效、舒适、安全、便利、环保的居住环境。智能家居系统可以提供家电控制、照明控制、窗帘控制、电话远程控制、室内外遥控、防盗报警，以及可编程定时控制等多种功能和手段，使生活更加舒适、便利和安全。如图 1-6 所示是一个物联网智能家居系统的示例图。

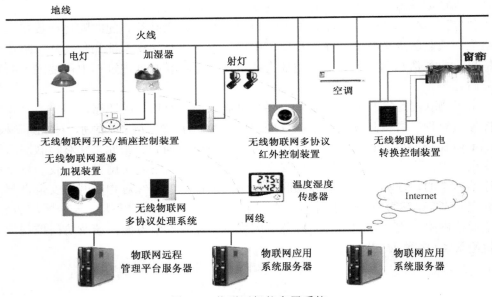

图 1-6 物联网智能家居系统

1.6.2 智能交通

智能交通系统通过在基础设施和交通工具中广泛应用信息、通信技术来提高交通运输系统的安全性、可管理性和运输效能，同时也能降低能源消耗和对环境的负面影响。随着物联网技术的日益发展与完善，其在智能交通中的应用也越来越广泛深入，在世界各地都出现很多成功应用物联网技术提高交通系统性能的实例。如图 1-7 所示的不停车收费系统就是其中一个典型应用。

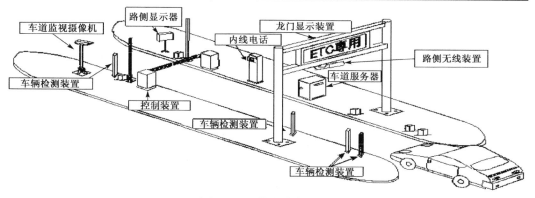

图 1-7　不停车收费系统

1.6.3　供应链物流管理

伴随着社会经济的发展，物品的交换和运输活动也日益增多，特别是专业化生产和商业的出现，造成生产和消费的分离。为了将生产和消费在空间上连接起来，产品的流通成为社会中不可或缺的重要一环。这种商品的运输、储存以及与此相联系的包装、装卸等物资实物流动即形成物流。随着物联网的出现，物流行业也迎来了新的发展契机。现代物流系统希望利用信息生成设备，如无线射频识别装备、传感器或全球定位系统等种种装置与互联网结合起来而形成一个巨大网络，并能够在这个物联化的物流网络中实现智能化的物流管理。图 1-8 给出了一个物联网供应链管理系统总体架构图。

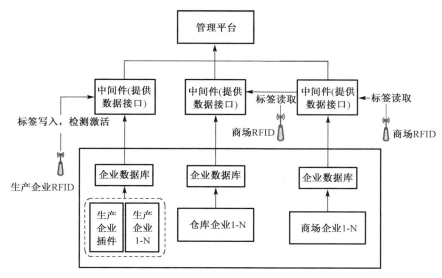

图 1-8　供应链管理系统总体架构图

1.6.4　未来超市

现在被众多 IT 巨头和几大 IT 武器武装起来的"未来商店"已进入试验阶段，传说中的"非凡体验"正离人们的日常生活越来越近。在现在的德国小城莱茵伯格，那些酷爱在超市疯狂购物的人恐怕会幸福得笑出声来，因为由德国麦德龙集团投资建立的号称"未来商店（Smart Helves）"的 Extra 商场已经开张营业，应用于其中的 IT 技术也会改变欧洲成千上万消费者的购物体验。图 1-9 和图 1-10 分别给出了未来商店和智能推车的示意图。

图 1-9　未来商店

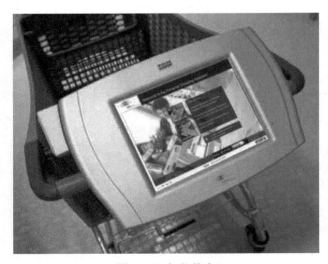

图 1-10　智能推车

1.6.5　安全监控

上海浦东国际机场防入侵系统铺设了 3 万多个传感节点，覆盖了地面、栅栏和低空探测。多种传感手段组成一个协同系统后，可以防止人员的翻越、偷渡、恐怖袭击等攻击性入侵。图 1-11 是上海浦东国际机场外围布置的防入侵系统实地照片。

图 1-11　上海浦东国际机场防入侵系统

1.6.6　工业控制

物联网的关键环节可以归纳为全面感知、可靠传送、智能处理。全面感知是指利用射频识别（RFID）、GPS、摄像头、传感器、传感器网络等感知、捕获、测量的技术手段，随时随地对物体进行信息采集和获取。可靠传送是指通过各种通信网络、互联网随时随地进行可靠的信息交互和共享。智能处理是指对海量的跨部门、跨行业、跨地域的数据和信息进行分析处理，提升对物理世界、经济社会各种活动的洞察力，实现智能化的决策和控制。相比互联网具有的全球互联互通的特征，物联网具有局域性和行业性特征。

工业是物联网应用的重要领域。具有环境感知能力的各类终端、基于泛在技术的计算模式、移动通信等不断融入工业生产的各个环节，可大幅提高制造效率，改善产品质量，降低产品成本和资源消耗，将传统工业提升到智能工业的新阶段。

1.6.7　军事应用

物联网被许多军事专家称为“一个未探明储量的金矿”，正在孕育军事变革深入发展的新契机。可以设想，在国防科研、军工企业及武器平台等各个环节与要素设置标签读取装置，通过无线和有线网络将其连接起来，那么每个国防要素及作战单元甚至整个国家军事力量都将处于全信息和全数字化状态。大到卫星、导弹、飞机、舰船、坦克、火炮等装备系统，小到单兵作战装备，从通信技侦系统到后勤保障系统，从军事科学试验到军事装备工程，其应用遍及战争准备、战争实施的每一个环节。可以说，物联网扩大了未来作战的时域、空域和频域，将对国防建设的各个领域产生深远影响，将引发一场划时代的军事技术革命和作战方式的变革。

1.7　物联网的未来展望

"政策先行，技术主导，需求驱动"将成为中国物联网产业发展的主要模式。

2009 年 11 月 3 日，国务院总理温家宝发表了题为《让科技引领中国可持续发展》的重要讲话，在讲话中，物联网被列为国家五大新兴战略性产业之一。

为了在继计算机、互联网与移动通信网之后的又一次信息产业发展中占领先机，工信部将牵头成立一个全国推进物联网的部际领导协调小组，出台支持产业发展的一系列政策，加快物联网产业化进程。

中国工业和信息化部科技司司长闻库 2010 年 4 月 1 日表示，目前中国物联网总体还处于起步阶段，为推进物联网产业发展，中国将采取四大措施支持电信运营企业开展物联网技术创新与应用。

专家预估，物联网将是未来 10 年最重要的产业大趋势，至 2020 年可望成为全球经济新一轮的增长点，商机高达上兆元。71 岁的中科院院士、长春理工大学光电信息学院名誉院长姚建铨认为："初步估计，中国物联网产业链 2010 年就能创造 1000 亿元左右的产值。"

在物联网时代，每件衣服上都有一个电子标签，从衣橱中拿出一件上衣时，就能显示这件衣服应搭配什么颜色的裤子，在什么季节、什么天气穿比较合适。给放养的羊群中的每一只羊都贴上一个二维码，这个二维码会一直保持到超市出售的每一块羊肉上，消费者可以通过手机阅读二维码，知道羊的成长历史，确保食品安全。这就是"动物溯源系统"。将带有"钱包"功能的电子标签与手机的 SIM 卡合为一体，手机就有钱包的功能，消费者可将手机作为小额支付的工具，在乘坐地铁和公交车、超市购物、去影剧院看影剧时用手机支付。在电度表上装上传感器，供电部门随时都可知道用户的用电情况。

当物联网时代到来时，上班出门后，家里的电灯、电视、大门都会自动关闭；下班路上，提前打开家里的热水器，一回家即可轻松享受沐浴；通过手机发送指令，在家"待命"的电饭锅、空调就可以自动开始工作；农民躺在沙发上，就能轻松掌握地里庄稼的生长情况……

1.8　思　考　题

(1) 如何理解物联网？

(2) 说明物联网、传感网、互联网三者之间的关系。

(3) 说明物联网中使用的主要技术。

(4) 请以典型的实例说明物联网的应用。

第 2 章 RFID 基础及其实验

2.1 引 言

RFID 是 Radio Frequency Identification 的缩写，即射频识别，俗称电子标签。RFID 是一种非接触式的自动识别通信技术，可通过无线电信号识别特定目标并读写相关数据，而无需识别系统与特定目标之间建立机械或光学接触。本章首先介绍 RFID 的基本工作原理，然后通过实验使学生掌握 915MHz 和 13.56MHz RFID 模块的基本操作，并且掌握串口调试工具的基本用法，了解 RFID 模块串口命令和响应的数据包格式，为随后的学习打下基础。

2.2 RFID 基本原理

2.2.1 概述

RFID 通过射频信号自动识别目标对象并获取相关数据，识别工作无需人工干预，可工作于各种恶劣环境。RFID 技术可识别高速运动物体并可同时识别多个标签，操作快捷方便。

无线电的信号是通过调成无线电频率的电磁场，把数据从附着在物品上的标签上传送出去，以自动辨识与追踪该物品。某些标签在识别时从识别器发出的电磁场中就可以得到能量，并不需要电池；也有标签本身拥有电源，并可以主动发出无线电波(调成无线电频率的电磁场)。标签包含了电子存储的信息，数米之内都可以识别。与条形码不同的是，射频标签不需要处在识别器视线之内，也可以嵌入被追踪物体之内。

RFID 在许多行业都得到广泛运用。将标签附着在一辆正在生产中的汽车上，厂方便可以追踪此车在生产线上的进度。将标签附着在药品上，仓库可以追踪药品的所在。射频标签也可以附于牲畜与宠物上，方便对牲畜与宠物的积极识别(积极识别意思是防止数只牲畜使用同一个身份)。射频识别的身份识别卡可以使员工得以进入锁住的建筑部分；汽车上的射频应答器也可以用来征收收费路段与停车场的费用。

2.2.2 工作原理

从概念上来讲，RFID 类似于条码扫描，对于条码技术而言，它是将已编码的条形码附着于目标物，并使用专用的扫描读写器利用光信号将信息由条形磁传送到扫描读写器；而 RFID 则使用专用的 RFID 读写器及专门的可附着于目标物的 RFID 标签，利用频率信号将信息由 RFID 标签传送至 RFID 读写器。

射频识别技术是应用无线电波来自动识别单个物品的技术的总称，和其他自动识别技术一样，射频识别也是由信息载体和信息获取装置组成。最基本的 RFID 系统的基本模型如图 2-1 所示。其中，射频标签为数据载体；读写器是标签信息的读取装置。射频标签与识读器之间通过耦合元件实现射频信号的空间（无接触）耦合，在耦合通道内，根据时序关系，实现能量的传递、数据的交换。

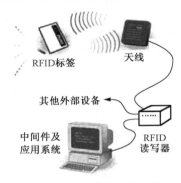

图 2-1　RFID 系统的基本模型

发生在读写器和射频标签之间的射频信号的耦合类型有两种。

(1) 电感耦合。变压器模型，通过空间高频交变磁场实现耦合，依据的是电磁感应定律。电感耦合方式一般适合于中、低频工作的近距离射频识别系统。典型的工作频率有：125kHz、225kHz 和 13.56MHz。识别作用距离小于 1m。

(2) 电磁反向散射耦合。雷达原理模型，发射出去的电磁波，碰到目标后反射，同时携带回目标信息，依据的是电磁波的空间传播规律。电磁反向散射耦合方式一般适合于高频、微波工作的远距离射频识别系统。典型的工作频率有：433MHz、915MHz、2.45GHz、5.8GHz。识别作用距离大于 1m，典型作用距离为 3～10m。

最常见的射频识别系统的工作过程是：读写器在一个区域发射能量，形成电磁场。射频标签经过这个区域时，检测到识读器的信号后发送存储的数据，读写器接收到射频标签发送的信号，解码并校验数据的准确性。射频标签与射频识读器之间利用感应，无线电波或微波能量进行非接触双向通信，实现数据交换，从而达到识别的目的。

2.2.3　系统组成

RFID 系统至少包含射频标签、读写器和信息处理（计算机）系统 3 部分。

1) 射频标签

射频标签是射频识别系统真正的数据载体，是标签安装在被识别对象上、存储被识别对象相关信息的电子装置。一般情况下，射频标签由标签天线和标签专用芯片组成。依据射频标签供电方式的不同，标签可以分为有源射频标签(Active tag)和无源射频标签(Passive tag)。

有源射频标签有内装电池，无源射频标签没有内装电池。对于有源射频标签来说，根据标签内装电池供电情况不同又可细分为有源射频标签和半无源射频标签。半无源标签用自己电池激活芯片，在识读过程中从读写器获得能量。

无源射频标签没有内装电池，在读写器的读出范围之外时，射频标签处于无源状态；在读写器的读出范围之内时，射频标签从读写器发出的射频能量中提取其工作所需的电源。

根据标签工作频率的不同,射频识别系统有不同的应用。低频标签(125kHz 或 134kHz)，标签与读写器之间的距离一般小于 1m；高频标签(13.56MHz)，标签与阅读器之间的距离一般为 20~50cm；特高频标签(UHF)，工作的频率达到 300MHz 至 1000MHz 之间，标签与读写器之间的距离一般大于 1m，最大可达 10m 以上。

2) 读写器

射频读写器利用射频技术读取射频识别标签信息、或将信息写入标签到设备。读写器读出的标签信息通过计算机及网络系统进行管理和信息传输。典型的读写器包含有高频模块(发送器和接收器)、控制单元以及读写器天线。此外，许多读写器还有附加的接口，以便将所获得的数据传向应用系统或从应用系统接收命令。

3) 计算机系统

射频识别系统中，计算机通信网络是对数据进行管理和通信传输的设备。射频识别系统不仅要构建相关硬件(标签和读写器)，还需要相关软件来运作整个网络，该网络允许用户利用射频标签来跟踪物品。射频标签的信息传送到读写器，读写器将信息传送到计算机，并转变为能够被计算机利用的形式。读写器可以通过标准接口与计算机网络连接，由计算机网络完成数据处理、传输和通信的功能。

2.2.4　频率

RFID 频率是 RFID 系统的一个很重要的参数指标，它决定了工作原理、通信距离、设备成本、天线形状和应用领域等各种因素。RFID 应用占据的频段或频点在国际上有公认的划分，即位于 ISM 波段。典型的工作频率有：125kHz、133kHz、13.56MHz、27.12MHz、433MHz、902~928MHz、2.45GHz、5.8GHz 等。按照工作频率的不同，RFID 标签可以分为低频(LF)、高频(HF)、超高频(UHF)和微波等不同种类。不同频段的 RFID 工作原理不同，LF 和 HF 频段 RFID 电子标签一般采用电磁耦合原理，而 UHF 及微波频段的 RFID 一般采用电磁发射原理。目前国际上广泛采用的频率分布于 4 种波段，低频(125kHz)、高频(13.56MHz)、超高频(860~960MHz)和微波(2.45GHz)，如图 2-2 所示。

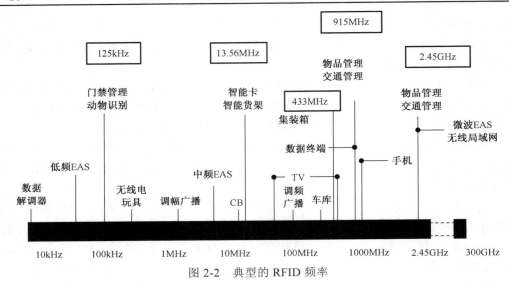

图 2-2　典型的 RFID 频率

　　低频段射频标签，简称为低频标签，其工作频率范围为 30～300kHz。典型工作频率有 125kHz 和 133kHz。低频标签一般为无源标签，其工作能量通过电感耦合方式从阅读器耦合线圈的辐射近场中获得。低频标签与阅读器之间传送数据时，低频标签需位于阅读器天线辐射的近场区内。低频标签的阅读距离一般情况下小于 1m。相对其他频段的 RFID 产品而言，该频段数据传输速率比较慢，标签存储数据量也很少。低频标签的典型应用有：动物识别、容器识别、工具识别、电子闭锁防盗（带有内置应答器的汽车钥匙）等。

　　中高频段射频标签的工作频率一般为 3～30MHz。典型工作频率为 13.56MHz。该频段的射频标签，因其工作原理与低频标签完全相同，即采用电感耦合方式工作，所以宜将其归为低频标签类中。另一方面，根据无线电频率的一般划分，其工作频段又称为高频，所以也常将其称为高频标签。鉴于该频段的射频标签可能是实际应用中最大量的一种射频标签，因而我们只要将高、低理解成一个相对的概念，即不会造成理解上的混乱。为了便于叙述，我们将其称为中频射频标签。中频标签一般也采用无源设主，其工作能量同低频标签一样，也是通过电感（磁）耦合方式从阅读器耦合线圈的辐射近场中获得。标签与阅读器进行数据交换时，标签必须位于阅读器天线辐射的近场区内。中频标签的阅读距离一般情况下也小于 1m。中频标签由于可方便地做成卡状，被广泛应用于电子车票、电子身份证、电子闭锁防盗（电子遥控门锁控制器）、小区物业管理、大厦门禁系统等。

　　超高频与微波频段的射频标签简称为微波射频标签，其典型工作频率有 433.92MHz、862（902）～928MHz、2.45GHz、5.8GHz。微波射频标签可分为有源标签与无源标签两类。工作时，射频标签位于阅读器天线辐射场的远区场内，标签与阅读器之间的耦合方式为电磁耦合方式。阅读器天线辐射场为无源标签提供射频能量，将有源标签唤醒。相应的射频识别系统阅读距离一般大于 1m，典型情况为 4～6m，最大可达 10m 以上。阅读器天线一般均为定向天线，只有在阅读器天线定向波束范围内的射频标签可被读/写。由于阅读距离的增加，应用中有可能在阅读区域中同时出现多个射频标签的情况，从而提出了多标签同时读取的需求。目前，先进的射频识别系统均将多标签识读问题作为系统的一个重要特征。超高频标签主要用于铁路车辆自动识别、集装箱识别，还可用于公路车辆识别与自动收费系统中。

以目前技术水平来说，无源微波射频标签比较成功的产品相对集中在 902～928MHz 工作频段上。2.45GHz 和 5.8GHz 射频识别系统多以半无源微波射频标签产品面世。半无源标签一般采用钮扣电池供电，具有较远的阅读距离。微波射频标签的典型特点主要集中在是否无源、无线读写距离、是否支持多标签读写、是否适合高速识别应用、读写器的发射功率容限、射频标签及读写器的价格等方面。对于可无线写的射频标签而言，通常情况下写入距离要小于识读距离，其原因在于写入要求更大的能量。微波射频标签的数据存储容量一般限定在 2Kbits 以内，再大的存储容量似乎没有太大的意义。从技术及应用的角度来说，微波射频标签并不适合作为大量数据的载体，其主要功能在于标识物品并完成无接触的识别过程。典型的数据容量指标有：1Kbits、128bits、64bits 等。由 Auto-ID Center 制定的产品电子代码 EPC 的容量为 90bits。微波射频标签的典型应用包括移动车辆识别、电子闭锁防盗 (电子遥控门锁控制器)、医疗科研等行业。超高频作用范围广，传送数据速度快，但是比较耗能，穿透力较弱，作业区域不能有太多干扰，适用于监测港口、仓储等物流领域的物品；而高频标签属中短距识别，读写速度也居中，产品价格也相对便宜，一般应用在电子票证一卡通上。

目前在实际应用中，比较常用的是 13.56MHz、860～960MHz、2.45GHz 等频段。近距离 RFID 系统主要使用 125kHz、13.56MHz 等 LF 和 HF 频段，技术最为成熟；远距离 RFID 系统主要使用 433MHz、860～960MHz 等 UHF 频段，以及 2.45GHz、5.8GHz 等微波频段。

2.2.5　标准体系

RFID 是从 20 世纪 80 年代开始逐渐走向成熟的一项自动识别技术。近年来由于集成电路的快速发展，RFID 标签的价格持续减低，因而在各个领域的应用发展十分迅速。为了更好地推动这一新产业的发展，国际标准化组织 ISO、以美国为首的 EPCglobal、日本 UID 等标准化组织纷纷制定 RFID 相关标准，并在全球积极推广这些标准。这些体系标准之间的竞争十分激烈，同时多个体系标准共存也促进了技术和产业的快速发展。以下简要介绍 3 个主要标准体系。

1. ISO/IEC RFID 标准体系

RFID 标准化工作最早可以追溯到 20 世纪 90 年代。1995 年国际标准化组织

ISO/IEC 联合技术委员会 JTCl 设立了子委员会 SC31(以下简称 SC31)，负责 RFID 标准化研究工作。SC31 委员会由来自各个国家的代表组成，如英国的 BSI IST34 委员、欧洲 CEN TC225 成员。他们既是各大公司内部咨询者，也是不同公司利益的代表者。因此在 ISO 标准化制定过程中，有企业、区域标准化组织和国家 3 个层次的利益代表者。SC31 子委员会负责的 RFID 标准可以分为 4 个方面：数据标准(如编码标准 ISO/IEC 15691、数据协议 ISO/IEC 15692、ISO/IEC 15693，解决了应用程序、标签和空中接口多样性的要求，提供了一套通用的通信机制)、空中接口标准(ISO/IEC 18000 系列)、测试标准(性能测试 ISO/IEC 18047 和一致性测试标准 ISO/IEC 18046)、实时定位(RTLS)(ISO/IEC 24730 系列应用接口与空中接口通信标准)方面的标准。这些标准涉及 RFID 标签、空中接口、测试标准、读写器与到应用程序之间的数据协议，它们考虑的是所有应用领域的共性要求。

ISO 对于 RFID 的应用标准是由应用相关的子委员会制定。RFID 在物流供应链领域中的应用方面标准由 ISO TC 122/104 联合工作组负责制定，包括 ISO17358 应用要求、ISO 17363 货运集装箱、ISO 17364 装载单元、ISO 17365 运输单元、ISO 17366 产品包装、ISO 17367 产品标签。RFID 在动物追踪方面的标准由 ISO TC 23 SC19 来制定，包括 ISO 11784/11785 动物 RFID 畜牧业的应用、ISO 14223 动物 RFID 畜牧业的应用-高级标签的空中接口、协议定义。

从 ISO 制订的 RFID 标准内容来说，RFID 应用标准是在 RFID 编码、空中接口协议、读写器协议等基础标准之上，针对不同使用对象，确定了使用条件、标签尺寸、标签粘贴位置、数据内容格式、使用频段等方面特定应用要求的具体规范，同时也包括数据的完整性、人工识别等其他一些要求。通用标准提供了一个基本框架，应用标准是对它的补充和具体规定。这一标准的制订思想，既保证了 RFID 技术具有互通与互操作性，又兼顾了应用领域的特点，能够很好地满足应用领域的具体要求。

ISO/IEC 是制定 RFID 标准最早的组织，大部分 RFID 标准都是由 ISO/IEC 制定的。ISO/IEC 早期制定的 RFID 标准，只是在行业和企业内部使用，并没有物联网背景。随着物联网概念的提出，两个后起之秀 EPCglobal 和 UID 相继提出了物联网 RFID 标准，于是 ISO/IEC 又制定了新的 RFID 标准。由于 ISO/IEC 历史悠久，具有天然的公信力，EPCglobal 和 UID 也希望将各自的 RFID 标准纳入 ISO/IEC 标准体系。现在 ISO/IEC 的 RFID 标准大量涵盖了 EPCglobal 和 UID 的标准体系。

2. EPCglobal RFID 标准体系

EPCglobal 是以美国和欧洲为首、由美国统一编码委员会和国际物品编码协会 UCC/EAN 联合发起的非盈利机构，它属于联盟性的标准化组织，该组织除了发布工业标准外，还负责 EPC 系统的号码注册管理。

与 ISO 通用性 RFID 标准相比，EPCglobal 标准体系是面向物流供应链领域，可以看成是一个应用标准。EPCglobal 的目标是解决供应链的透明性和追踪性，透明性和追踪性是指供应链各环节中所有合作伙伴都能够了解单件物品的相关信息，如位置、生产日期等信息。为此 EPCglobal 制定了 EPC 编码标准，它可以实现对所有物品提供单件唯一标识；也制定了空中接口协议、读写器协议。这些协议与 ISO 标准体系类似。在空中接口协议方面，目前 EPCglobal 的策略尽量与 ISO 兼容，如 C1Gen2 UHF RFID 标准递交 ISO 成为 ISO 18000 6C 标准。但 EPCglobal 空中接口协议有它的局限范围，仅仅关注 UHF 860～930MHz。

除了信息采集以外，EPCglobal 非常强调供应链各方之间的信息共享，为此制定了信息共享的物联网相关标准，包括 EPC 中间件规范、对象名解析服务 ONS(Object Naming Service)、物理标记语言 PML(PhysicalMarkup Language)，从信息的发布、信息资源的组织管理、信息服务的发现以及大量访问之间的协调等方面作出规定。"物联网"的信息量和信息访问规模大大超过普通的互联网。"物联网"系列标准是根据自身的特点参照互联网标准制订的。"物联网"是基于互联网的，与互联网具有良好的兼容性。EPCglobal 是物联网的倡导者，新标准的开发速度非常快，在物联网 RFID 的标准制定上处于全球第一的位置。

3. UID RFID 标准体系

日本泛在识别中心(Ubiquitous ID Center)制定的 RFID 相关标准的思路类似于 EPCglobal，目标也是构建一个完整的标准体系，即从编码体系、空中接口协议到泛在网络体系结构，但是每一个部分的具体内容存在差异。

为了制定具有自主知识产权的 RFID 标准，UID 在编码方面制定了 Ucode 编码体系，它能够兼容日本已有的编码体系，同时也能兼容国际其他的编码体系。在空中接口方面积极参与 ISO 的标准制定工作，也尽量考虑与 ISO 相关标准兼容。在信息共享方面主要依赖于日本的泛在网络，它可以独立于互联网实现信息的共享。

泛在网络与 EPCglobal 的物联网还是有区别的。EPC 采用业务链的方式，面向企业，面向产品信息的流动(物联网)，比较强调与互联网的结合。UID 采用扁平式信息采集分析方式，强调信息的获取与分析，比较强调前端的微型化与集成。

2.3 915MHz RFID 基本操作实验

2.3.1 实验目的

本实验通过串口调试助手与实验软件两种形式，通过串口控制 915MHz RFID 读写器搜索并读取附近的 RFID 标签，显示读到的设备 ID。学生通过该实验可以掌握串口调试工具的基本使用方法，理解 RFID 技术的读写原理以及读写器和标签的基本使用方法。

2.3.2　实验原理

RFID 技术的基本工作原理并不复杂：标签进入磁场后，接收阅读器发出的射频信号，凭借感应电流所获得的能量发送出存储在芯片中的产品信息（Passive Tag，无源标签或被动标签），或者主动发送某一频率的信号（Active Tag，有源标签或主动标签）；阅读器读取信息并解码后，送至中央信息系统进行有关数据处理。一套完整的 RFID 系统由阅读器（Reader）、电子标签（TAG）也就是所谓的应答器（Transponder）及应用软件系统 3 个部分所组成。

一个完整的 RFID 芯片包括标签、阅读器、天线 3 部分，而标签芯片由获取能量部分、模拟部分、基带控制、存储器等构成，获取能量部分是其与外界的接口，是标签芯片的关键部分。它通过与天线产生电磁感应将磁能转化为供内部线路使用的电压或者电流等电能，同时将交流转化为直流。由于实际状况不同，不同的芯片获取的能量的方式与原理不用，目前常用的有电感耦合方式和电磁反向散射耦合方式。

1.　电磁反向散射式 RFID 系统

ISM 频段（Industrial Scientific Medical Band）是由 ITU-R（ITU Radiocommunication Sector，国际通信联盟无线电通信局）定义的。此频段主要开放给工业、科学、医学 3 种主要机构使用，属于 Free License，无需授权许可，只需要遵守一定的发射功率（一般低于 1W），并且不要对其他频段造成干扰即可。一般来说世界各国均保留了一些无线频段，用于工业、科学研究和微波医疗方面的应用。ISM 频段在各国的规定并不统一，如在美国有 3 个频段 902～928MHz、2400～2484.5MHz 及 5725～5850MHz，而在欧洲 900MHz 的频段则有部分用于 GSM 通信。而 2.4GHz 为各国共同的 ISM 频段。因此无线局域网（IEEE 802.11b/IEEE 802.11g）、蓝牙、ZigBee 等无线网络均可工作在 2.4GHz 频段上。在美国和澳大利亚，频率范围 888～889MHz 和 902～928MHz 已可使用，并被反向散射 RFID 系统使用，但这个频率范围在欧洲还没有提供 ISM 使用。在我国，该频段是实现物联网的主要频段，规划 840～845MHz 和 920～925MHz 频段用于 RFID 技术。

915MHz 频段的 RFID 系统属于电磁反向散射的 RFID 系统，采用雷达原理模型，发射出去的电子波碰到目标后反射，同时携带目标的信息返回。该方式 RFID 系统的阅读距离一般大于 1m，读写器天线一般为定向天线，只有在读写器天线定向波束范围内的电子标签可以被读写。读写器和电子标签的工作方式如图 2-3 所示。

2.　串口通信协议

串行通信协议分为同步协议和异步协议两类。

通信协议是指通信双方的一种约定。约定包括对数据格式、同步方式、传送速度、传送步骤、检纠错方式以及控制字符定义等问题做出统一规定，通信双方必须共同遵守。因此，也叫做通信控制规程，或称传输控制规程，它属于 OSI 七层参考模型中的数据链路层。

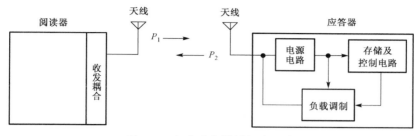

图 2-3　电磁反向散射耦合方式

目前，采用的通信协议有两类：异步协议和同步协议。同步协议又有面向字符、面向比特以及面向字节计数 3 种。其中，面向字节计数的同步协议主要用于 DEC 公司的网络体系结构中。

3. 串口的基本任务

(1)实现数据格式化：因为来自 CPU 的是普通的并行数据，所以，接口电路应具有实现不同串行通信方式下的数据格式化的任务。在异步通信方式下，接口自动生成起止式的帧数据格式。在面向字符的同步方式下，接口要在待传送的数据块前加上同步字符。

(2)进行串一并转换：串行传送，数据是一位一位串行传送的，而计算机处理数据是并行数据。所以当数据由数据发送器送至计算机时，首先把串行数据转换为并行数才能送入计算机处理。因此串并转换是串行接口电路的重要任务。

(3)控制数据传输速率：串行通信接口电路应具有对数据传输速率(波特率)进行选择和控制的能力。

(4)进行错误检测：在发送时接口电路对传送的字符数据自动生成奇偶校验位或其他校验码。在接收时，接口电路检查字符的奇偶校验或其他校验码，确定是否发生传送错误。

(5)进行 TTL 与 EIA 电平转换：CPU 和终端均采用 TTL 电平及正逻辑，它们与 EIA 采用的电平及负逻辑不兼容，需在接口电路中进行转换。

(6)提供 EIA-RS-232C 接口标准所要求的信号线：远距离通信采用 MODEM 时，需要 9 根信号线；近距离零 MODEM 方式，只需要 3 根信号线。这些信号线由接口电路提供，以便与 MODEM 或终端进行联络与控制。

4. 串口调试助手

串口调试助手软件是常见的串口调试工具，支持常用各种波特率及自定义波特率，可以自动识别串口，能设置校验、数据位和停止位，能以 ASCII 码或十六进制接收或发送任何数据或字符，可以任意设定自动发送周期，并能将接收数据保存成文本文件，能发送任意大小的文本文件。

串口调试工具相当于上位机，即 PC，通过串口和其他设备通信，在串口调试工具上可以收发命令和响应。

5. 通信接口

本实验所用的 RMU 系列超高频 915MHz RFID 读写模块通过 UART 与上位机通信。上位机(如 PC 或单片机)需要按照规定数据格式往 RMU 发送命令，并接收 RMU 返回的信息。

RMU 支持的 UART 参数如下：

波特率　　　　　57600
数据位　　　　　8
奇偶校验　　　　无
停止位　　　　　1

6. 数据包格式

上位机发送到 RMU 的数据包以下称"命令"，而 RMU 返回到上位机的数据包以下称"响应"。以下所有数据段的长度单位为字节。

RMU 与上位机传递的数据包的通用格式如表 2-1 和表 2-2 所示。

表 2-1　命令数据包格式

数据段	SOF	LENGTH	CMD	PAYLOAD	*CRC-16	EOF
长度	1	1	1	< 254	2	1

表 2-2　响应数据包格式

数据段	SOF	LENGTH	CMD	STATUS	PAYLOAD	*CRC-16	EOF
长度	1	1	1	1	< 253	2	1

7. 命令定义

1) 询问状态命令

该命令询问 RMU 的状态，用户可利用该命令查询 RMU 是否连接，如果有响应则说明 RMU 已经连接，而如果在指定时间内没有响应则说明 RMU 不可达。

数据格式如表 2-3、表 2-4 所示。

表 2-3　询问状态命令格式

数据段	SOF	LEN	CMD	*CRC	EOF
长度	1	1	1	2	1

表 2-4　询问状态响应格式

数据段	SOF	LEN	CMD	STATUS	*CRC	EOF
长度	1	1	1	1	2	1

命令状态定义如表 2-5 所示。

表 2-5　询问状态 STATUS

位	Bit 7 ～ 4	Bit 3 ～ 1	Bit 0
功能	通用位	保留	0 = 连接成功

注：该命令的 STATUS Bit 0 只在 Bit 7 为 0 时有效。

命令示例如表 2-6 所示。

表 2-6　命令示例

发送命令格式（hex）	返回数据格式（hex）
aa 02 00 55	成功：aa 03 00 00 55
	失败：无返回

2）读取 RMU 信息命令

功能简介

该命令读取 RMU 的硬件序列号和软件版本号。其中，RMU 的硬件序列号是 6 个字节的十六进制数，软件版本号是一个字节。软件版本字节的前 4 个 bit 是软件的主版本号，后 4 个 bit 是次版本号。

数据格式如表 2-7、表 2-8 所示。

表 2-7　读取 RMU 信息命令定义

数据段	SOF	LEN	CMD	*CRC	EOF
长度	1	1	1	2	1

表 2-8　读取 RMU 信息响应定义

数据段	SOF	LEN	CMD	STATUS	SERIAL	VERSION	*CRC	EOF
长度	1	1	1	1	6	1	2	1

命令状态定义如表 2-9 所示。

表 2-9　读取 RMU 信息 STATUS

位	Bit 7 ～ 4	Bit 3 ～ 1	Bit 0
功能	通用位	保留	1 = 该 RMU 没有定义相关信息 0 = 成功读取 RMU 信息

注：该命令的 STATUS Bit 0 只在 Bit 7 为 1 时有效。

命令示例如表 2-10 所示。

表 2-10 命令示例

发送命令格式(hex)	返回数据格式(hex)	
aa 02 07 55	成功: aa 0a 07 01 ff ff ff ff ff ff ff ff ff ff ff ff 55	
	失败: 无返回	

2.3.3 实验设备与软件环境

硬件: PC 机 Pentium III 800MHz、内存 256MB 以上,915MHz RFID 阅读器 1 个,RFID 标签若干,串口电缆线 1 根,5V 电源 1 个。

软件: Windows 98 以上操作系统,RFID 系统开发平台配套软件,串口调试工具。

2.3.4 实验内容与步骤

1. 实验内容

RFID 基本操作实验内容分为基于串口调试工具的操作及基于实验软件的操作两个部分。

1)基于串口调试工具的操作

主要内容包括: 串口调试助手的设置; 利用串口调试工具询问功放状态、初始化; 利用串口调试助手查询硬件信息。

2)基于实验软件的操作

主要内容包括: 基于串口、波特率选择的基本操作; 自动、手动两种模式的硬件初始化启动操作和读取硬件信息操作。

2. 实验步骤

(1)确保 RFID 读写模块供电正常后,使用串口将 RFID 阅读器与 PC 相连,并且查看它连接的是哪一个端口(右击"我的电脑",在"属性"→"硬件"→"设备管理器"→"端口(COM 和 LPT)"中查看)。

(2)运行 SSCOM32 串口调试工具软件,在其界面上选择正确的串口号,设置串口: 波特率(57600)、数据位数(8)、停止位数(1)、校验位(None)和流控制(None),选中"HEX 发送"和"HEX 显示",打开串口,如图 2-4 所示。

(3)在字符串输入框中输入"AA 02 00 55"(AA 代表指令头,02 代表指令长度,00 代表询问功放状态,55 代表指令尾),单击"发送"按钮,如图 2-5 所示。RFID 模块如果成功接受指令,上方响应文本框中应显示"AA 03 00 00 55"(AA 代表指令头,03 代表指令长度,00 代表询问状态,00 代表功放状态已开启,55 代表指令尾)。

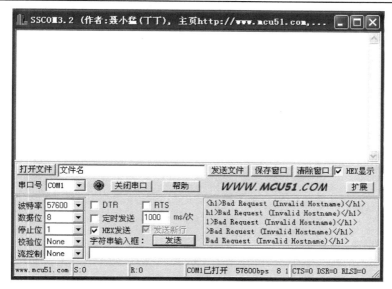

图 2-4　打开串口

图 2-5　询问功放状态

(4)在字符串输入框中输入"AA 02 07 55"(AA 和 55 分别代表指令头和尾,02 代表指令长度,07 代表读取硬件信息),单击"发送"按钮,如图 2-6 所示。RFID 模块如果成功接受指令,上方响应文本框中应显示"AA 0A 07 00 00 00 00 00 00 00 52 55"(AA 代表指令头,0A 代表指令长度,07 代表读取硬件信息,7 个 00 代表硬件序列号,52 代表版本号,55 代表指令尾)。

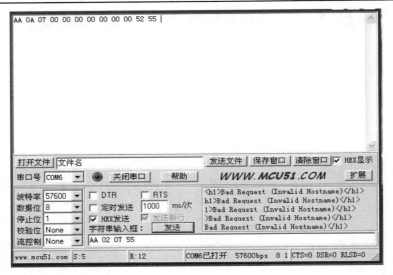

图 2-6　读取硬件信息

　　(5)单击"清除窗口"按钮，单击"关闭串口"按钮(切记关闭串口，不然后续实验会报错"串口被占用")，结束 RFID 串口指令初始化实验，如图 2-7 所示。

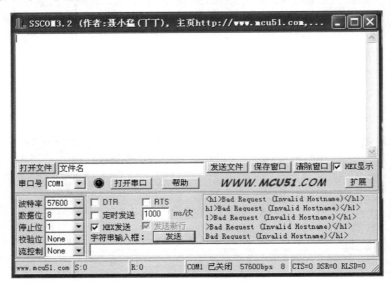

图 2-7　关闭串口

　　(6)运行"915MHz RFID 读写系统实验"软件，进入主界面，如图 2-8 所示。
　　(7)单击"RFID 基本操作"按钮，进入"RFID 基本操作"实验界面，"实验流程"窗口显示"RFID 基本操作实验开始 请选择串口号和波特率"，如图 2-9 所示。

图 2-8　915MHz RFID 读写系统实验主界面

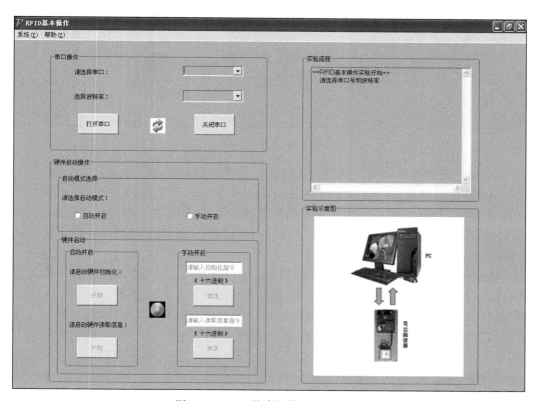

图 2-9　RFID 基本操作软件主界面

　　(8)选择串口号和波特率(57600)，单击"打开串口"按钮。如果成功，串口连接图标变亮，"实验流程"窗口显示"已成功打开串口"并提示当前串口号和波特率，"实验示意图"窗口标注"串口已打开"，如图2-10所示。

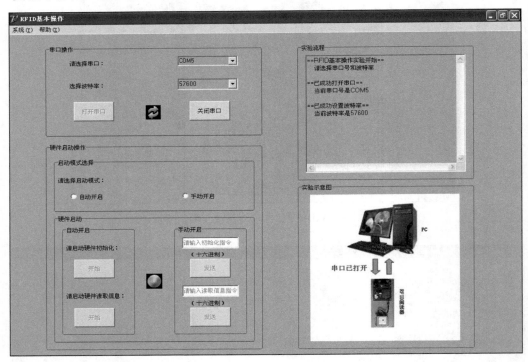

图 2-10　打开串口

　　(9)硬件启动操作提供了两种启动模式，选择"自动开启"选项，"实验流程"窗口显示"已选择自动获取指令模式"，自动开启下方的按钮亮起；分别单击硬件初始化"开始"按钮和硬件读取信息"开始"按钮，如果成功，硬件启动图标亮起，"实验流程"窗口提示已成功初始化并获取硬件信息，"实验示意图"窗口标注"初始化成功"，如图2-11所示。

　　(10)选择"手动开启"选项，"实验流程"窗口显示"已选择手动获取指令模式"，手动开启下方的按钮亮起；在初始化指令文本框中输入十六进制数"aa020055"(aa和55分别代表指令头和尾，02代表指令长度，00代表询问状态)，单击"发送"按钮。如果发送成功，硬件启动图标亮起，"实验流程"窗口提示已"成功初始化"，"实验示意图"窗口标注"初始化成功"；在读取信息指令文本框中输入十六进制数"aa020755"(aa和55分别代表指针头和尾，02代表指令长度，07代表读取硬件信息)，单击"发送"按钮。如果发送成功，"实验流程"窗口提示获取的硬件信息，如图2-12所示。

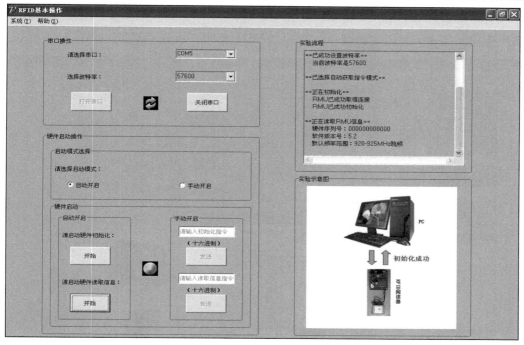

图 2-11　初始化成功

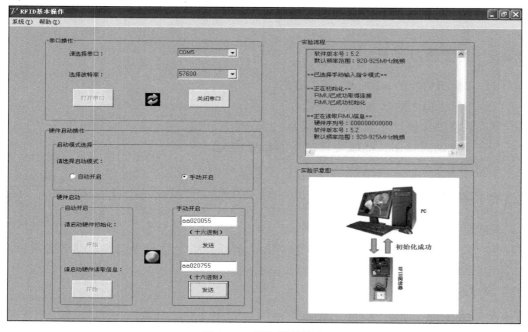

图 2-12　获取硬件信息

（11）单击"关闭串口"按钮，实验流程显示"已成功关闭串口"，提示 RFID 基本操作实验结束。关闭实验窗口，单击"确定"按钮，回到主菜单，如图 2-13 所示。

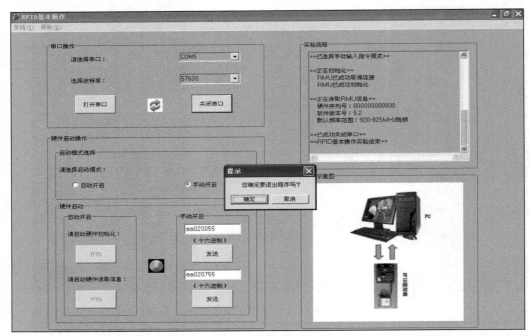

图 2-13　关闭串口并退出实验界面

2.3.5　实验预习要求

（1）了解 RFID 的功能、特性和应用。
（2）了解 RFID 的基本工作原理。
（3）了解串口调试工具的使用方法。
（4）了解询问状态、读取硬件信息的命令定义。

2.3.6　实验报告要求

（1）记录实验步骤和实验结果。
（2）试分析响应错误代码的数据包格式，解释各错误代码分别代表什么含义。
（3）试解释自动开启和手动开启硬件的区别。
（4）回答思考题。

2.3.7　思考题

试分析硬件初始化、硬件信息读取的命令和响应数据包格式。

2.4　13.56MHz RFID 基本操作及其实验

2.4.1　实验目的

通过串口的基本操作、串口控制 RFID 阅读器搜索和读取标签信息，使学生掌握阅读器和标签的基本使用方法，理解 13.56MHz RFID 读写器的连接方式和基本工作原理，了解串口、读取标签信息的命令和响应指令格式。

2.4.2　实验原理

13.56MHz 频率范围为 13.553～13.567MHz，处于短波频段，也是 ISM 频段。在这个频率范围内，除了电感耦合 RFID 系统外，还有其他的 ISM 应用，如遥控系统、远距离控制模型系统、演示无线电系统和传呼机等。

该频段电子标签工作在高频，RFID 系统的工作特性和应用如下：
- 这是最典型的 RFID 高频工作频率。
- 该频段的电子标签是实际应用中使用量最大的电子标签之一。
- 该频段在世界范围内用作 ISM 频段使用。
- 数据传输速度快，典型值为 106Kbit/s。
- 除了金属材料外，该频率的波长可以穿过大多数的材料，但是往往会降低读取距离。感应器需要离开金属一段距离。
- 我国第二代居民身份证采用该频段。
- 典型应用宝库电子车票、电子身份证、电子遥控门锁等。
- 电子标签一般制成标准卡片形状。
- 相关的国际标准有 ISO14443、ISO15693 和 ISO18000-3 等。

1.　电感耦合式 RFID 系统

13.56MHz RFID 系统采用电感耦合方式，电感耦合式应答器由一个电子数据做载体，通常由单个微型芯片一级用作天线的大面积线圈组成。电感耦合应答器几乎都是无源工作的，这意味着微型芯片工作所需的全部能量必须由阅读器供应。高频的强磁场由阅读器的天线线圈产生，这种磁场穿过线圈横截面和线圈周围的空间。因为使用频率范围内的波长比阅读器天线和应答器之间的距离大好多倍，可以把应答器到阅读器之间的电磁场当作交变磁场来对待。发射磁场的一小部分磁力线穿过离阅读器天线线圈一定距离的应答器天线线圈，通过感应，在应答器天线线圈上产生一个电压。应答器的天线线圈和电容器并联构成振荡回路，谐振到阅读器的发射频率。通过该回路的谐振，应答器线圈上的电压达到最大值。应答器线圈上的电压是一个交流信号，因此需要一个整流电路将其转化为直流电压，作为电源供给芯片内部使用。电感耦合式 RFID 系统工作原理如图 2-14 所示。

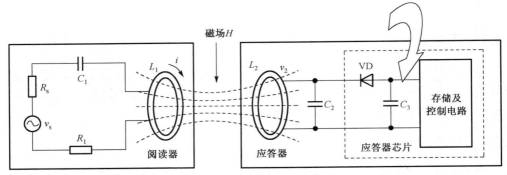

图 2-14　电感耦合式 RFID 系统工作原理

2. 通信接口

本实验所用的 13.56MHz 高频 RFID 读写模块为 Hadalzone 公司的 HD0015M 模块，符合 ISO15693 标准，通过 UART 与上位机通信。上位机（如 PC 或单片机）需要按照规定数据格式往 RFID 阅读器发送命令并接收 RFID 阅读器返回的信息。

上位机发送到 RFID 阅读器的数据包以下称"命令"，而 RFID 阅读器返回到上位机的数据包以下称"响应"。以下所有数据段的长度单位为字节。

13.56MHz RFID 阅读器的通信参数设置如表 2-11 所示。

表 2-11　通信参数设置

波特率	115200baud
数据域	8bits
停止位	1bit
校验位	无
流控制	无

3. 指令格式

上位机发送到 RFID 阅读器的指令格式如表 2-12 所示。

表 2-12　发送的指令格式

指令头	长度字	命令码	数据域	校验字

指令头：1 字节 = 0xBA。

长度字：1 字节，指明从命令码到校验字的字节数。

命令码：1 字节。

数据域：字节数根据不同命令而变化。

校验字：1 字节，从指令头到数据域最后一个字节的逐字异或。

RFID 阅读器返回到上位机的指令格式如表 2-13 所示。

表 2-13　返回的指令格式

指令头	长度字	命令码	状态字	数据域	校验字

指令头：1 字节 ＝0xBA。

长度字：1 字节，指明从命令码到校验字的字节数。

命令码：1 字节。

状态字：1 字节，指示命令执行状态。

数据域：字节数根据不同命令而变化。

校验字：1 字节，从指令头到数据域最后一个字节的逐字异或。

4. 命令定义

获取标签信息命令是获取当前阅读器读取的标签的基本信息，用户可利用该命令获取标签 UID（唯一标识符）、AFI（应用族标识符）、DSFID（数据存储格式标识符）、Type（标签类型）。AFI 和 DSFID 均为 ISO15693 标准的传输协议所规定，AFI 为锁定的应用类型，DSFID 指出了数据在标签中的存储结构。

数据格式如表 2-14、表 2-15 所示。

表 2-14　获取标签信息命令格式

0xBA	长度	0x31	校验字

0xBA：　命令指令头。

长度：　指明从命令码到校验字的字节数。

0x31：　获取标签信息命令。

校验字：从指令头到数据域最后一个字节的逐字异或。

表 2-15　获取标签信息响应格式

0xBD	长度	0x31	状态	UID	DSFID	AFI	类型	校验字

0xBD：　响应指令头。

长度：　指明从命令码到校验字的字节数。

0x31：　获取标签信息响应。

状态：　00 代表操作成功、01 代表无卡、04 代表读错误、F0 代表校验字错误。

UID：　标签唯一识别标志符。

DSFID：　标签数据存储格式标识符。

AFI：　　标签应用族标识符。

类型：　　0x31 代表 Tag_it、0x32 代表 I.CODE SLI。

校验字：从指令头到数据域最后一个字节的逐字异或。

命令示例如表 2-16 所示。

表 2-16　命令示例

发送命令格式（hex）	返回数据格式（hex）
BA 02 31 89	BD 0E 31 00 7C A2 D9 12 00 01 04 E0 12 00 32 52

2.4.3　实验设备与软件环境

硬件：PC Pentium III 800MHz、内存 256MB 以上，13.56MHz RFID 阅读器 1 个，RFID 标签若干，串口电缆线 1 根，5V 电源 1 个。

软件：Windows 98 以上操作系统，RFID 系统开发平台配套软件，串口调试工具软件。

2.4.4　实验内容与步骤

1. 实验内容

RFID 读取标签信息实验主要内容包括：基于串口、波特率选择的基本操作；获取标签 UID（唯一标识符）、AFI（应用族标识符）、DSFID（数据存储格式标识符）、Type（标签类型，代表不同的出厂编号，数据区大小不同）的读取标签信息操作。

2. 实验步骤

（1）确保 RFID 读写模块供电正常后，使用串口将 RFID 阅读器与 PC 相连，并且查看它连接的是哪一个端口（右击"我的电脑"，在"属性"→"硬件"→"设备管理器"→"端口（COM 和 LPT）"中查看）。

（2）运行 SSCOM32 串口调试工具软件，在其界面上选择正确的串口号，设置串口：波特率（115200）、数据位数（8）、停止位数（1）、校验位（None）和流控制（None），选中"HEX 发送"和"HEX 显示"，打开串口，如图 2-15 所示。

（3）将标签放至读卡器附近，如果能够读到标签，读卡器绿灯亮起；在字符串输入框中输入"BA 02 31 89"（BA 代表指令头，02 代表指令长度，31 代表读取标签信息命令，89 代表校验字），单击"发送"按钮，RFID 模块如果成功接受指令，上方响应文本框中应显示"BD 0E 31 00 7C A2 D9 12 00 01 04 E0 15 01 32 54"（BD 代表指令头，0E 代表指令长度，31 代表读取标签信息响应，00 代表操作成功，7C 到

E0 代表标签 UID，15 代表 DSFID 寄存器数据，01 代表 AFI 寄存器数据，32 代表
标签类型，54 代表校验字），如图 2-16 所示。

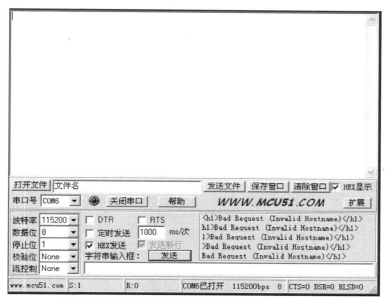

图 2-15　打开串口

图 2-16　读取标签信息

（4）单击"清除窗口"按钮，单击"关闭串口"按钮（务必关闭串口，不然后

续实验会报错"串口被占用")结束 RFID 串口指令读取标签信息实验，如图 2-17 所示。

图 2-17　关闭串口

(5)运行"13.56MHz RFID 读写系统实验"软件，进入主界面，如图 2-18 所示。

图 2-18　软件主界面

（6）单击"RFID 读取标签信息"按钮，进入"RFID 读取标签信息"实验界面，"实验流程"窗口显示"请选择串口号和波特率"，如图 2-19 所示。

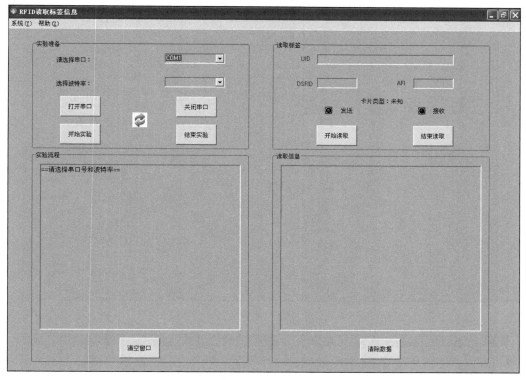

图 2-19　读取标签信息实验界面

（7）选择串口号和波特率（115200），单击"打开串口"按钮，如果成功，串口连接图标变亮，"实验流程"窗口显示"已成功打开串口"，并提示当前串口号和波特率。单击"开始实验"按钮，"实验流程"窗口提示"RFID 读取标签信息实验开始"，如图 2-20 所示。

（8）将标签放至读卡器附近，如果能够读到标签，读卡器绿灯亮起，单击"开始读取"按钮，如果成功，"实验流程"窗口提示"操作成功"，UID、DSFID、AFI 文本框和卡片类型显示相应的标签信息，"读取信息"窗口显示发送的命令和接收的响应指令；单击"结束读取"按钮，结束标签信息的读取，并清空文本框，如图 2-21 所示。

（9）单击"关闭串口"按钮，"实验流程"窗口显示"已成功关闭串口"；单击"结束实验"按钮，单击"确定"，结束 RFID 读取标签信息实验，回到主界面，如图 2-22 所示。

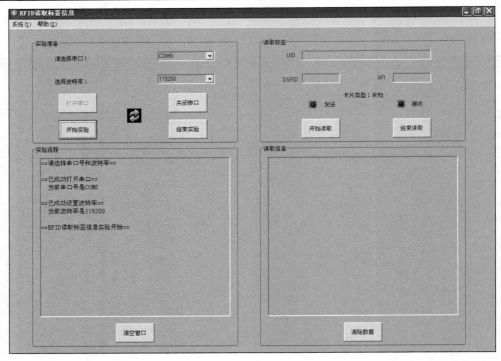

图 2-20　打开串口

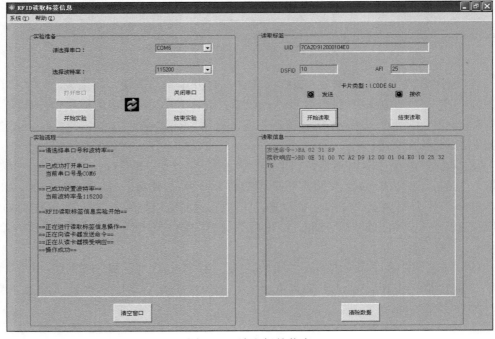

图 2-21　读取标签信息

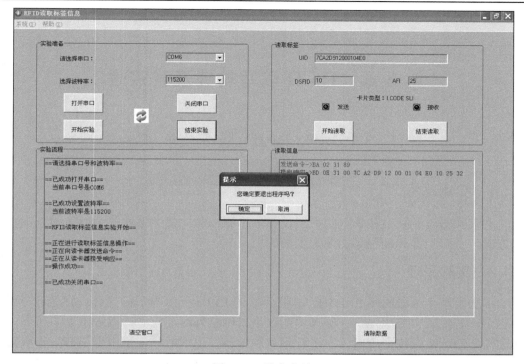

图 2-22　结束实验

2.4.5　实验预习要求

(1) 了解 13.56MHz RFID 的基本工作原理。

(2) 了解 13.56MHz RFID 阅读器的性能。

(3) 了解读取标签信息的命令定义。

2.4.6　实验报告要求

(1) 记录实验步骤和实验结果，试指出标签相关信息在响应指令中的位置。

(2) 回答思考题。

2.4.7　实验思考题

(1) 试分析串口指令读取标签信息的命令和响应数据包格式。

(2) 试分析读取标签信息的命令和响应指令格式。

第3章　RFID 读写功能及其实验

3.1　915MHz RFID 基本读取实验

3.1.1　实验目的

本实验通过对频率和功率的不同设置来检测标签，使学生理解 RFID 的基本读取方式，了解功率和标签识别能力之间的关系。

3.1.2　实验原理

本实验基本读取的是 915MHz UHF 频段的 RFID 无源电子标签（被动标签），无源电子标签没有内装电池，在阅读器的读出范围之外时，电子标签处于无源状态，在阅读器的读出范围之内时，电子标签从阅读器发出的射频能量中提取其工作所需的电源。无源电子标签一般均采用反射调制方式完成电子标签信息向阅读器的传送。无线电设备的频率和功率等参数的设置需要遵守国家相应的技术规定。下面简单描述与分析一下我国对 UHF 频段 RFID 的参数要求。

1. 我国 800/900MHz 频段 RFID 技术规定

2007 年 4 月 20 日，信息产业部发布了《800MHz/900MHz 频段射频识别（RFID）技术应用规定（试行）》（信部无[2007]205 号）（以下简称《规定》）对我国 UHF 频段 RFID 无线发射设备的工作频率、发射功率、占用带宽、频率容限、邻道功率泄漏比、工作模式、杂散发射限值，以及传导骚扰发射等射频指标作了详细的规定。主要技术参数规定如下：

(1) 800/900MHz 频段 RFID 技术的具体使用频率为 840~845MHz 和 920~925MHz。

(2) 该频段 RFID 技术无线电发射设备射频指标如下。

- 载波频率容限：$20×10^{-6}$。
- 信道带宽及信道占用带宽（99%能量）：250kHz。
- 信道中心频率：

$f_c(MHz)=840.125+N×0.25$

$f_c(MHz)=920.125+M×0.25$

（N、M 为整数，取值为 0~19）

- 邻道功率泄漏比：40dB（第一邻道），60dB（第二邻道）。
- 发射功率规定如表 3-1 所示。

表 3-1　发射功率规定

频率范围/MHz	发射功率/e.r.p
840.50～844.5 920.50～924.5	2W
840～845 920～925	100MW

- 工作模式为跳频扩频方式（FHSS），每跳频信道最大驻留时间 2 秒。

（3）该频段的 RFID 技术无线电发射设备按微功率（短距离）无线电设备管理。设备投入使用前，须获得工业和信息化部核发的无线电发射设备型号核准证。

2．参数分析

1）频率

我国规定：800MHz/900MHz 频段 RFID 技术的具体使用频率为 840～845MHz 和 920～925MHz。该频率范围的规定既考虑了与国际标准相衔接又考虑了我国无线电频率划分和产业发展的实际情况，同时支持了我国自主创新的 RFID 技术的研究。频率范围与国际标准相衔接，可以使国内外生产的 RFID 标签能够通用，为我国产品的出口流通提供了方便。同时可以使我国制造企业生产的 RFID 设备不需要经过太大的改动就能在美国和欧洲使用，降低了企业的设计和制造成本。国际标准 ISO/IEC18000-6 推荐 UHF 频段 RFID 设备使用的频率范围是 860～960MHz。目前世界上主要发达国家和地区在这一频段对 RFID 业务所做的频率规划如图 3-1 所示。

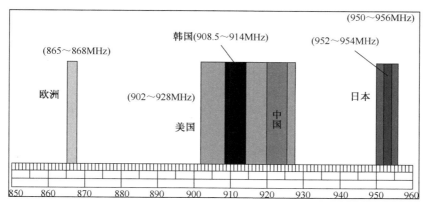

图 3-1　世界主要国家和地区在 860～960MHz 频段对 RFID 业务所做的频率规划

2）占用带宽

我国规定：信道带宽和信道占用带宽（99%能量）为 250kHz。与国际上其他国家和地区相比，欧洲对 RFID 信道带宽的规定是 200kHz，而美国是 500kHz。占用带宽是由数据传输速率和调制方式共同决定的，规定了数据传输速率和调制方式，所需占用带宽也就相应确定了。在调制方式固定的情况下，数据传输速率越大，则所需占用带宽越大。而数据传输速率又和 RFID 标签信息长度、编码方式及每秒钟要求读取标签次数有关。《规定》中没有明确指出我国 RFID 设备应该使用的调制方式。一般情况下 UHF 频段 RFID 设备以 ASK 调制为主流，分双旁带振幅移位键控（DSB-ASK）、单边带振幅移位键控（SSB-ASK）和反向振幅移位键控（PR-ASK）等几类。理论上，对于 DSB-ASK 调制的数据信号占用的最小带宽为数据传输速率的 4 倍；对于 SSB-ASK 调制的数据是 3 倍；对于 PRASK 调制的数据则为 2 倍。在 ISO 18000-6 标准中，TypeA 和 TypeB 两种类型均要求返回链路数据传输速率为 40kbit/s。根据理论推算，所需要的占用带宽分别为 80kHz、120kHz 和 240kHz。对我国来说，250kHz 的占用带宽足以满足该数据传输速率的需求。

3）发射功率

国际上其他国家和地区规定的最大发射功率为，欧洲 2W，美国和日本均为 4W。RFID 设备读写距离与发射功率有一定联系。理论证明，RFID 读写器对标签的读取距离遵循雷达方程，即：

$$P_{\mathrm{r}} = \frac{P_{\mathrm{t}} \times G^2 \times \lambda^2 \times \sigma}{(4\pi)^2 R^4}$$

上式中，P_{r} 为读写器接收功率，P_{t} 为读写器发射功率，G 为天线增益，λ 为波长，σ 为雷达散射横截面面积，R 为读写距离。公式表明，RFID 设备的读写距离与发射功率的 4 次方根成反比。换句话说，如果想使读写距离增加一倍，那么就必须使发射功率在其他条件不变的情况下增为 16 倍。这就说明了利用增大发射功率的办法增加读写距离是相当困难的。虽然我国规定 RFID 的最大发射功率与其他国家和地区相比数值比较低，但对读写距离的影响不会很大。

3. 命令定义

1）设置频率命令

该命令设置 RMU 的频率。RMU 的频率设置主要参数：频率工作模式（FREMODE）。

设置频率命令格式如表 3-2 所示。

表 3-2　设置频率命令格式

数据段	SOF	LEN	CMD	FRE MODE	FRE BASE	F	CN	SPC	FRE HOP	*CRC	EOF
长度	1	1	1	1	1	2	1	1	1	2	1

数据格式如表 3-3 所示。

表 3-3　FREMODE 字段定义

位	Bit7～Bit4	Bit3～Bit0
功能	保留	频率工作模式
		0000：中国标准(920～925MHz)
		0001：中国标准(840～845MHz)
		0010：ETSI 标准
		0011：定频模式(915MHz)
		0100：用户自定义
		其他：中国标准(920～925MHz)

　　RMU 支持的基准频率范围为 840～960MHz，用户可以依据应用环境需求，自己定义频率范围。目前 RMU 允许使用 4 种频率设置模式。

　　注意：当用户选择"中国标准"、"ETSI 标准"、"定频模式"时，FREMODE 字段有效，其他字段无效，忽略用户所设置的参数值。

　　设置频率响应格式如表 3-4 所示。

表 3-4　设置频率响应格式

数据段	SOF	LEN	CMD	STATUS	*CRC	EOF
长度	1	1	1	1	2	1

　　命令示例如表 3-5 所示。

表 3-5　命令示例

发送命令格式(hex)	返回数据格式(hex)
aa 09 06 00 01 73 05 10 02 00 55	成功：aa 03 06 00 55
	失败：无返回

2）读取功率命令

　　该命令读取 RMU 的功率设置。用户使用 RMU 对标签进行操作前可用该命令读取 RMU 的功率设置。

　　命令格式如表 3-6、表 3-7 所示。

表 3-6　读取功率设置命令格式

数据段	SOF	LEN	CMD	*CRC	EOF
长度	1	1	1	2	1

表 3-7　读取功率设置响应格式

数据段	SOF	LEN	CMD	STATUS	POWER	*CRC	EOF
长度	1	1	1	1	1	2	1

　　命令状态定义如表 3-8 所示。

表 3-8　POWER 数据段格式

POWER	Bit 7	Bit 6	Bit 5	Bit 4	Bit 3	Bit 2	Bit 1	Bit 0
描述	保留	输出功率(dBm)						

命令示例如表 3-9 所示。

表 3-9　命令示例

发送命令格式(hex)	返回数据格式(hex)
aa 02 01 55	成功：aa 04 01 00 9a 55
	失败：无返回

3) 设置功率命令

该命令设置 RMU 的输出功率。用户使用 RMU 对标签进行操作前需要用该命令设置 RMU 的输出功率。若用户没有设置 RMU 的功率，RMU 工作时将使用默认设置。注意：改变输出功率将有可能改变工作频率范围。

命令格式如表 3-10、表 3-11 所示。

表 3-10　设置功率命令格式

数据段	SOF	LEN	CMD	OPTION	POWER	*CRC	EOF
长度	1	1	1	1	1	21	1

表 3-11　设置功率响应格式

数据段	SOF	LEN	CMD	STATUS	*CRC	EOF
长度	1	1	1	1	2	1

命令状态定义如表 3-12 所示。

表 3-12　OPTION 数据段格式

OPTION	Bit 7 ～ 1	Bit 0
描述	保留	设置输出功率控制位(常量)
功能	保留	1：POWER 的 Bit6～0 有效

命令示例如表 3-13 所示。

表 3-13　命令示例

发送命令格式(hex)	返回数据格式(hex)
aa 04 02 03 1a 55	成功：aa 03 02 00 55
	失败：无返回

3.1.3　实验设备与软件环境

硬件：PC Pentium III 800MHz、内存 256MB 以上，915M RFID 阅读器 1 个，RFID 标签若干，串口电缆线 1 根，5V 电源 1 个。

软件：Windows 98 以上操作系统，RFID 系统开发平台配套软件，串口调试工具。

3.1.4　实验内容与步骤

1. 实验内容

RFID 基本读取实验内容分为基于串口调试工具的操作及基于实验软件的操作两部分。

（1）基于串口调试工具的操作。主要内容包括：利用串口调试工具读取功率、设置功率。

（2）基于实验软件的操作。主要内容包括：RMU 频率设置；RMU 功率读取；RMU 功率设置；检测标签，记录读取次数和标签识别码；设置不同功率，观察能够检测到标签的最远距离和最多数目。

2. 实验步骤

（1）运行 SSCOM32 串口调试工具软件，在其界面上选择正确的串口号，设置串口：波特率（57600）、数据位数（8）、停止位数（1）、校验位（None）和流控制（None），选中"HEX 发送"和"HEX 显示"，打开串口，如图 3-2 所示。

图 3-2　打开串口

(2)在字符串输入框中输入"AA 02 01 55"(AA 代表指令头,02 代表指令长度,01 代表读取功率,55 代表指令尾),单击"发送"按钮。RFID 模块如果成功接受指令,上方响应文本框中应显示"AA 04 01 00 98 55"(AA 代表指令头,04 代表指令长度,01 代表读取功率,00 代表功放状态已开启,98 代表当前功率,55 代表指令尾),其中"98"含功放模式控制位 Bit7,值为 1,故当前实际功率为 18dBm,如图 3-3 所示。

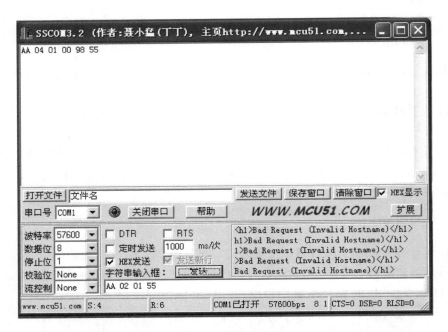

图 3-3　读取功率

(3)在字符串输入框中输入"AA 04 02 03 9A 55"(AA 和 55 分别代表指令头和尾,04 代表指令长度,02 代表设置功率,03 代表设置功率的 8 位均有效,9A 代表设置的功率),单击"发送"按钮。RFID 模块如果成功接受指令,上方响应文本框中应显示"AA 03 02 00 55"(AA 代表指令头,03 代表指令长度,02 代表设置功率,00 代表设置成功,55 代表指令尾),如图 3-4 所示。

(4)重复步骤(2)、(3),读取设置成功后的当前功率,比较响应窗口的数据变化;重新设置功率并读取,找出功率设置的范围,如图 3-5 所示。

(5)单击"清除窗口"按钮,单击"关闭串口",结束 RFID 串口指令系统设置实验,如图 3-6 所示。

(6)在实验软件主界面单击"RFID 基本读取"按钮,进入"RFID 基本读取"实验界面。选择串口号,单击"连接设备"按钮。如果连接成功,连接设备图标点亮，"实验流程"窗口提示"已成功打开串口"；单击"开始实验"按钮，完成硬件初始化，"实验流程"窗口提示"RFIO 基本读取实验开始"。如图 3-7 所示。

图 3-4　设置功率

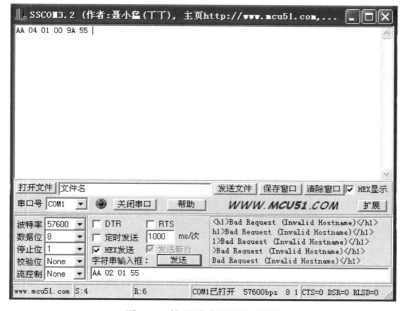

图 3-5　找出功率设置的范围

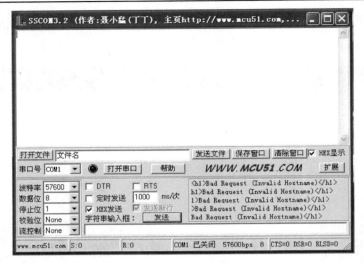

图 3-6   关闭串口

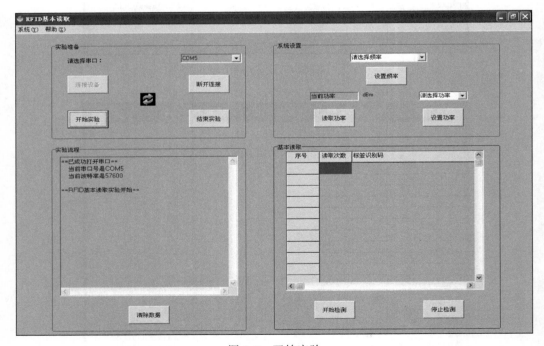

图 3-7   开始实验

(7)选择频率"中国标准 920-925MHz",单击"设置频率"按钮。如果设置成功,"实验流程"窗口提示"已成功设置频率";单击"读取功率"按钮,按钮上方文本框显示当前功率;选择功率,单击"设置功率"按钮,如果设置成功,"实验流程"窗口提示"已成功设置功率"。再单击"读取功率"即显示设置过的功率,如图 3-8 所示。

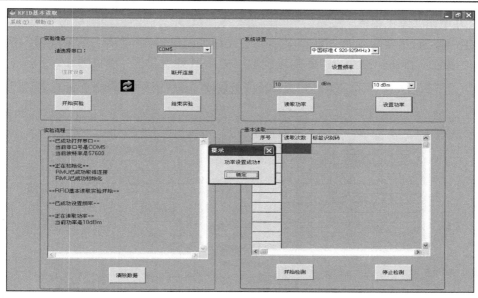

图 3-8　功率设置成功

（8）单击"开始检测"按钮，"实验流程"窗口显示"正在检测标签"。将标签放至读卡器附近，如果检测成功，会听到读卡器的提示音，观察读取次数的变化；换取不同标签检测，观察标签识别码的变化；设置不同功率，分别检测标签，观察功率对标签识别能力的影响，如图 3-9 所示。

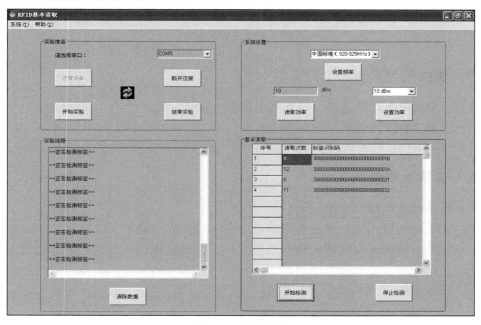

图 3-9　检测标签

(9) 单击"停止检测"按钮,"实验流程"窗口显示"已停止检测标签"。单击"断开连接"按钮,"实验流程"窗口显示"已成功关闭串口"。单击"结束实验"按钮,单击"确定"按钮,结束 RFID 基本读取实验,回到主界面,如图 3-10 所示。

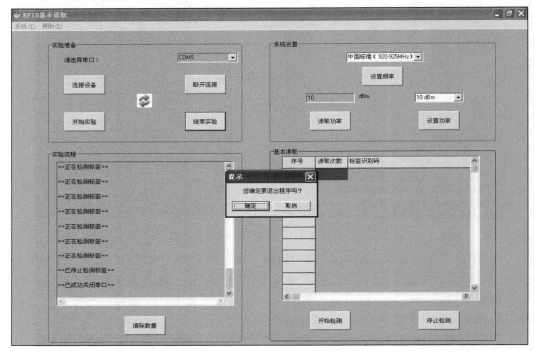

图 3-10　结束实验

3.1.5　实验预习要求

(1) 了解 RFID 读取功率、设置功率的命令定义。

(2) 了解 RFID 的频率和功率范围。

(3) 了解 RFID 的基本读取原理。

3.1.6　实验报告要求

(1) 记录实验步骤和实验结果。

(2) 试分析读取功率、设置功率的命令和响应数据包格式。

(3) 试分析响应错误代码的数据包格式,解释各错误代码分别代表什么含义。

(4) 记录读取次数和标签识别码。

(5) 回答思考题。

3.1.7　实验思考题

(1)试分析读取功率和设置功率命令和响应中关于 Power 数据段 Bit7 和 Option 数据段 Bit0、Bit1 的意义。

(2)试分析 RFID 功率和标签识别能力之间的关系。

3.2　915MHz RFID 读写操作及其实验

3.2.1　实验目的

本实验通过对 RFID 标签 4 个存储区、两种模式读写操作，使学生理解 RFID 的读写原理以及数据块存储结构，了解读、写、清除数据的命令、响应数据包格式。

3.2.2　实验原理

1. 基本工作原理

RFID 读写数据内容标准主要规定数据在标签、读写器到主机(即中间件或应用程序)各个环节的表示形式。因为标签能力(存储能力、通信能力)的限制，在各个环节的数据表示形式必须充分考虑各自的特点，采取不同的表现形式。另外主机对标签的访问可以独立于读写器和空中接口协议，也就是说读写器和空中接口协议对应用程序来说是透明的。RFID 数据协议的应用接口提供一套独立于应用程序、操作系统和编程语言，也独立于标签读写器与标签驱动之间的命令结构。读写器与应用程序之间的接口，侧重于应用命令与数据协议加工器交换数据的标准方式，这样应用程序可以完成对电子标签数据的读取、写入、修改、删除等操作功能。

具有存储功能的电子标签种类很多，电子标签的档次与存储器结构密切相关。这类电子标签分为只读电子标签、可写入式电子标签、具有密码功能的电子标签和分段存储的电子标签。本实验采用的是可写入式电子标签。可写入式电子标签的存储量最少可以是 1 字节，最高可达 64KB。比较典型的电子标签是 16 位、几十到几百字节。

标签采用 3 种方式进行数据存储：电可擦可编程只读存储器(EEPROM)、铁电随机存取存储器(FRAM)和静态随机存取存储器(SRAM)。一般 RFID 系统采用 EEPROM 方式。这种方式的缺点是写入过程中功耗很大，使用寿命一般为 100000 次。也有厂家采用 FRAM 方式，FRAM 写入功耗为 EEPROM 的 1/100，写入时间为 EEPROM 的 1/1000，但由于生产方面的问题至今未获得广泛应用。SRAM 能快速写入数据，适用于微波系统，但需要辅助电池不间断供电才能保存数据。

2. ISO18000-6C 电子标签数据存储空间简介

实验采用的标签符合 ISO18000-6C 电子标签标准。根据标准规定，从逻辑上将标签存储器分为 4 个存储体，分别为：保留内存、EPC 存储器、TID（Tag identifier，标签识别号）存储器和用户存储器。每个存储体可以由一个或一个以上的存储器组成，逻辑空间分布如图 3-11 所示。

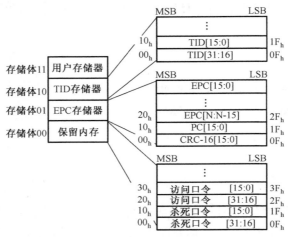

图 3-11　ISO18000-6C 电子标签数据存储空间结构

1）保留内存

保留内存应包含销毁口令（kill password）和访问口令（access password）。销毁口令应存储在 00_h 至 $1F_h$ 的存储地址内，访问口令应存储在 20_h 至 $3F_h$ 的存储地址内。该区可读可写。

（1）销毁口令是 Auto-ID 中心和 EPC 共同认可和使用的使标签失效的命令。在这个方案中，对于每一个标签，生产商都有一个唯一的口令使该标签失效。一旦对标签实施了销毁命令，RFID 标签将永久作废。

保留内存的 00_h 至 $1F_h$ 存储电子标签的销毁口令，销毁口令为 1 word，即 2 bytes。电子标签出厂时的默认销毁口令为 0000_h。用户可以对销毁口令进行修改，可以对销毁口令进行锁存，一经锁存后，用户必须提供正确的访问口令，才能对销毁口令进行读写。

（2）保留内存的 20_h 至 $3F_h$ 存储电子标签的访问口令，访问口令为 1 word，即 2 bytes。电子标签出厂时的默认访问口令为 0000_h。用户可以对访问口令进行修改，可以对访问口令进行锁存，一经锁存后，用户必须提供正确的访问口令，才能对访问口令进行读写。

2）EPC 存储器

EPC 存储器应包含在 00$_h$ 至 1F$_h$ 存储位置的 CRC-16、在 10$_h$ 至 1F$_h$ 存储地址的协议-控制（PC）位和在 20$_h$ 开始的 EPC。PC 被划分成 10$_h$ 至 14F$_h$ 存储位置的 EPC 长度、15$_h$ 至 17F$_h$ 存储位置的 RFU 位和在 18$_h$ 至 1F$_h$ 存储位置的编号系统识别（NSI），CRC-16、PC、EPC 应优先存储 MSB（EPC 的 MSB 应存储在 20$_h$ 的存储位置）。该区可读可写。

（1）CRC-16 循环冗余校验位，16 比特。上电时，标签应通过 PC 前 5 位指定的（PC+EPC）字数而不是整个 EPC 存储器长度计算 CRC-16

（2）协议控制位（PC,Protocol Control）。PC 位包含标签在盘存操作期间以其 EPC 反向散射的物理层信息。EPC 存储器 10$_h$ 至 1F$_h$ 存储地址存储有 16 PC 位。PC 位值定义如下：

· 10$_h$～14$_h$ 位：标签反向散射的（PC+EPC）的长度，所有字如下。

00000$_2$：一个字（EPC 存储器 10$_h$～1F$_h$ 存储地址）

00001$_2$：两个字（EPC 存储器 10$_h$～2F$_h$ 存储地址）

00010$_2$：两个字（EPC 存储器 10$_h$～3F$_h$ 存储地址）

11111$_2$：32 个字（EPC 存储器 10$_h$～1FF$_h$ 存储地址）

· 15$_h$～17$_h$ 位：保留供将来使用，RFU（第 1 类标签为 000$_2$）。

· 18$_h$～1F$_h$ 位：默认值为 00000000$_2$，且可以包括如 ISO/IEC 15961 定义的 AFI 在内的计数系统识别（NSI）。NSI 的 MSB 存储在 18$_h$ 的存储位置。默认（未编程）PC 值应为 0000$_h$。截断应答期间，标签用 PC 位代替 0000$_2$。

（3）EPC 为识别标签对象的电子产品码。它存储在以 20$_h$ 存储地址开始的 EPC 存储器内，MSB 优先。询问机可以发出选择命令，包括全部或部分规范的 EPC。询问机可以发出 ACK 命令，使标签反向散射其 PC、EPC 和 CRC-16。最后，询问机可以发出 Read 命令，读取整个或部分 EPC。

3）TID 存储器

TID 存储器应包含 00$_h$ 至 07$_h$ 存储位置的 8 位 ISO15963 分配类识别（对于 EPCglobal 为 11100010$_2$）、08$_h$ 至 13$_h$ 存储位置的 12 位任务掩模设计识别（EPCglobal 成员免费）和 14$_h$ 至 1F$_h$ 存储位置的 12 位标签型号。标签可以在 1F$_h$ 以上的 TID 存储器中包含标签指定数据和提供商指定数据（例如，标签序号）。出厂前，标签的生产厂家应使用 Lock 命令或其他手段作用于 TID，使之永久锁定；并且生产厂家或有关组织应该保证每个标签适当长度的 TID 是唯一的，任何情况下不会有第二个同样的 TID。该区可读不可写。

4）用户存储器

用户存储器允许存储用户指定数据。该存储器组织为用户定义。不同厂商该区大小不一样，例如 Inpinj 公司的标签没有用户区，Philips 公司有 28 字。该区可读可写。

[注]PC+EPC 也称为 UII，实验指导书中标签读写分为指定 UII、不指定 UII 两种识别模式，指定 UII 模式即只识别与输入 UII 相匹配的标签，不指定 UII 模式则无限制条件任意读取当前标签。

3. 命令定义

1) 读取标签数据(不指定 UII 模式)命令

该命令从标签读取数据。用户无需指定电子标签的 UII，即可从该电子标签内读取指定存储空间的数据信息，并返回该电子标签的 UII 信息。读取标签数据、写入标签数据、擦除标签数据和锁定标签操作的命令中含有标签的 ACCESS 密码（APWD 数据段），当 APWD 不全为 0 时，RMU 利用 ACCESS 命令确保标签处在 SECURED 状态后进行相应操作。

数据格式如表 3-14、表 3-15 所示。

表 3-14　读取标签数据(不指定 UII)命令格式

数据段	SOF	LEN	CMD	APWD	BANK	PTR	CNT	*CRC	EOF
长度	1	1	1	4	1	EBV	1	2	1

注：CNT 数据段是以 WORD（2 字节）为单位的读出数据的长度。

表 3-15　读取标签数据(不指定 UII)响应格式

数据段	SOF	LEN	CMD	STATUS	DATA	UII	*CRC	EOF
长度	1	1	1	1	CNT*2		2	1

命令示例如表 3-16 所示。

表 3-16　命令示例

发送命令格式（hex）	返回数据格式（hex）
aa 09 20 00 00 00 00 00 00 00 04 55	成功：aa 19 20 00 00 00 00 00 00 00 00 00 30 00 00 00 00 00 00 00 00 00 00 00 01 4c 55
	失败：无返回

2) 读取标签数据(指定 UII 模式)命令

该命令从标签读取数据。用户需指定欲读取数据的标签的 UII 信息，方能从该电子标签内读取标签数据。读取标签数据、写入标签数据、擦除标签数据和锁定标签操作的命令中含有标签的 ACCESS 密码（APWD 数据段），当 APWD 不全为 0 时，RMU 利用 ACCESS 命令确保标签处在 SECURED 状态后进行相应操作。

数据格式如表 3-17、表 3-18 所示。

表 3-17　读取标签数据(指定 UII)命令格式

数据段	SOF	LEN	CMD	APWD	BANK	PTR	CNT	UII	*CRC	EOF
长度	1	1	1	4	1	EBV	1		2	1

注：CNT 数据段是以 WORD（2 字节）为单位的读出数据的长度。

表 3-18　读取标签数据(指定 UII)响应格式

数据段	SOF	LEN	CMD	STATUS	DATA	*CRC	EOF
长度	1	1	1	1	CNT*2	2	1

命令示例如表 3-19 所示。

表 3-19　命令示例

发送命令格式(hex)	返回数据格式(hex)
aa 17 13 00 00 00 00 00 00 04 30 00 00 00 00 00 00 00 00 00 00 00 01 4c 55	成功：aa 0b 13 00 00 00 00 00 00 00 00 00 55
	失败：无返回

3) 写入标签数据(不指定 UII)命令

该命令往标签写入数据。用户无需指定电子标签的 UII，即可向该电子标签的指定地址的存储空间写入数据信息，并返回该电子标签的 UII 信息。

数据格式如表 3-20、表 3-21 所示。

表 3-20　写入标签数据(不指定 UII)命令格式

数据段	SOF	LEN	CMD	APWD	BANK	PTR	CNT	DATA	*CRC	EOF
长度	1	1	1	4	1	EBV	1	CNT*2	2	1

注：CNT 数据段是以 WORD(2 字节)为单位的读出数据的长度，现只支持 CNT 为 1。

表 3-21　写入标签数据(不指定 UII)响应格式

数据段	SOF	LEN	CMD	STATUS	UII	*CRC	EOF
长度	1	1	1	1		2	1

命令示例如表 3-22 所示。

表 3-22　命令示例

发送命令格式(hex)	返回数据格式(hex)
aa 0b 21 00 00 00 00 03 00 01 12 34 55	成功：aa 11 21 00 30 00 00 00 00 00 00 00 00 00 00 00 01 4c 55
	失败：无返回

4) 写入标签数据(指定 UII)命令

该命令往标签写入数据。在这种写入方式下，用户需指定欲写入数据的电子标签的 UII 信息。

数据格式如表 3-23、表 3-24 所示。

表 3-23　写入标签数据(指定 UII)命令格式

数据段	SOF	LEN	CMD	APWD	BANK	PTR	CNT	DATA	UII	*CRC	EOF
长度	1	1	1	4	1	EBV	1	CNT*2		2	1

注：CNT 数据段是以 WORD(2 字节)为单位的读出数据的长度。

表 3-24　写入标签数据（指定 UII）响应格式

数据段	SOF	LEN	CMD	STATUS	*CRC	EOF
长度	1	1	1	1	2	1

命令示例如表 3-25 所示。

表 3-25　命令示例

发送命令格式（hex）	返回数据格式（hex）
aa 19 14 00 00 00 00 03 00 01 12 34 30 00 00 00 00 00 00 00 00 00 00 00 01 4c 55	成功：aa 03 14 00 55
	失败：无返回

3.2.3　实验设备与软件环境

硬件：PC Pentium III 800MHz、内存 256MB 以上，915MHz RFID 阅读器 1 个，RFID 标签若干，串口电缆线 1 根，5V 电源 1 个。

软件：Windows 98 以上操作系统，RFID 系统开发平台配套软件，串口调试工具。

3.2.4　实验内容与步骤

1. 实验内容

RFID 读写操作实验主要内容包括：分别利用串口调试工具和配套实验软件进行 RFID 在指定 UII、不指定 UII 两种模式下，读取和写入数据块内容。

2. 实验步骤

（1）运行 SSCOM32 串口调试工具软件，在其界面上选择正确的串口号，设置串口：波特率（57600）、数据位数（8）、停止位数（1）、校验位（None）和流控制（None），选中"HEX 发送"和"HEX 显示"，打开串口，如图 3-12 所示。

（2）在字符串输入框中输入"AA 09 20 00 00 00 00 00 00 04 55"（AA 代表指令头，09 代表指令长度，20 代表不指定 UII 模式读取标签数据，前 4 个 00 代表标签访问口令，第 5 个 00 代表读取的是存放销毁口令和访问口令的保留区数据块，第 6 个 00 代表标签读取数据起始地址的置位，04 代表读取数据块的长度，55 代表指令尾），将标签放至读卡器附近，单击"发送"按钮。RFID 模块如果成功接受指令，读卡器有读取声音提示，上方响应文本框中应显示"AA 19 20 00 00 00 00 00 00 00 00 30 00 00 00 00 00 00 00 00 00 00 00 00 1A 55"（AA 代表指令头，19 代表指令长度，20 代表不指定 UII 模式读取标签数据，第一个 00 代表读取标签数据响应，之后 8 个 00 代表销毁口令和访问口令，30 到 1A 代表标签 UII，55 代表指令尾），如图 3-13 所示。注：04 代表的读取数据块长度的单位是 word（4 位十六进制数），下同。

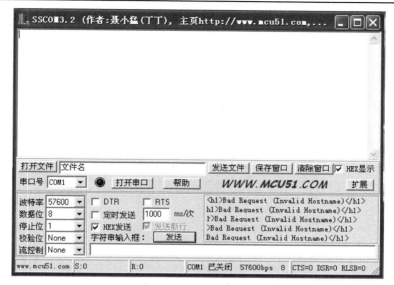

图 3-12　串口初始化

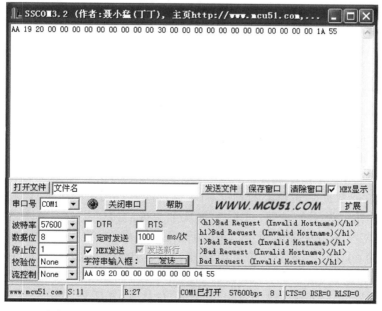

图 3-13　不指定 UII 模式读取标签保留区数据块数据

　　(3) 单击"清除窗口"，在字符串输入框中输入"AA 09 20 00 00 00 00 01 00 08 55"（AA 和 55 分别代表指令头和尾，09 代表指令长度，20 代表不指定 UII 模式读取标签数据，前 4 个 00 代表标签访问口令，01 代表读取的是标签 EPC 数据块，第 5 个 00 代表标签读取数据起始地址的置位、08 代表读取数据块的长度），将标签放至读卡器附近，单击"发送"按钮。RFID 模块如果成功接受指令，读卡器有读取声音提示，上方响应文本框中应显示"AA 21 20 00 BE D6 30 00 00 00 00 00 00 00 00 00 00 00 00 1A 30 00 00 00 00 00 00 00 00 00 00 00 00 00 1A 55"（AA 代表指令头，21 代表指令长度，20 代表不指定 UII 模式读取标签数据，第一个 00 代表读取标签数据响应，BE 到 1A 代表标签 EPC，30 到 1A 代表标签 UII，55 代表指令尾），如图 3-14 所示。

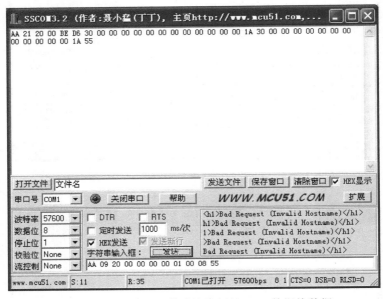

图 3-14　不指定 UII 模式读取标签 EPC 数据块数据

（4）单击"清除窗口"，在字符串输入框中输入"AA 09 20 00 00 00 00 02 00 04 55"（AA 和 55 分别代表指令头和尾，09 代表指令长度，20 代表不指定 UII 模式读取标签数据，前 4 个 00 代表标签访问口令，02 代表读取的是标签 TID 数据块，第 5 个 00 代表标签读取数据起始地址的置位，04 代表读取数据块的长度），将标签放至读卡器附近，单击"发送"按钮。RFID 模块如果成功接受指令，读卡器有读取声音提示，上方响应文本框中应显示"AA 19 20 00 E2 00 60 01 07 38 9D E2 30 00 00 00 00 00 00 00 00 00 00 00 1A 55"（AA 代表指令头，19 代表指令长度，20 代表不指定 UII 模式读取标签数据，第一个 00 代表读取标签数据响应，E2 到 E2 代表标签 TID，30 到 1A 代表标签识别码，55 代表指令尾），如图 3-15 所示。

（5）单击"清除窗口"按钮，在字符串输入框中输入"AA 09 20 00 00 00 00 03 00 08 55"（AA 和 55 分别代表指令头和尾，09 代表指令长度，20 代表不指定 UII 模式读取标签数据，前 4 个 00 代表标签访问口令，03 代表读取的是标签 USER 数据块，第 5 个 00 代表标签读取数据起始地址的置位，08 代表读取数据块的长度），将标签放至读卡器附近，单击"发送"按钮。RFID 模块如果成功接受指令，读卡器有读取声音提示，上方响应文本框中应显示"AA 21 20 00 00 00 00 00 00 00 00 00 00 00 00 00 00 00 00 00 00 30 00 00 00 00 00 00 00 00 00 00 00 00 1A 55"（AA 代表指令头，21 代表指令长度，20 代表不指定 UII 模式读取标签数据，第一个 00 代表读取标签数据响应，之后的 16 个 00 代表标签 USER 数据块数据，30 到 1A 代表标签识别码，55 代表指令尾），如图 3-16 所示。

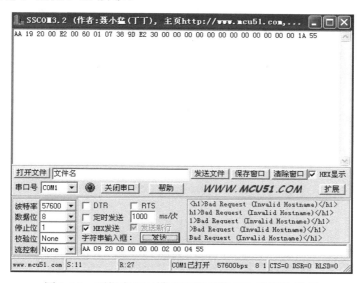

图 3-15　不指定 UII 模式读取标签 TID 数据块数据

图 3-16　不指定 UII 模式读取标签 USER 数据块数据

(6) 单击"清除窗口"按钮，在字符串输入框中输入"AA 17 13 00 00 00 00 00 00 04 30 00 00 00 00 00 00 00 00 00 00 00 00 1A 55"（AA 和 55 分别代表指令头和尾，17 代表指令长度，13 代表指定 UII 模式读取标签数据，前 4 个 00 代表标签访问口令，第 5 个 00 代表读取的是标签存放销毁口令和访问口令的保留区数据块，第 6 个 00 代表标签读取数据起始地址的置位，04 代表读取数据块的长度，30 到 1A 代表指定标签的 UII），将标签放至读卡器附近，单击"发送"按钮。RFID 模块如果成功接受指令，读卡器有读取声音提示，上方响应文本框中应显示"AA 0B 13 00 00 00 00 00 00 00 00 00 00 55"（AA 代表指令头，0B 代表指令长度，13 代表指定 UII 模式读取标签数据，第一个 00 代表读取标签数据响应，之后的 8 个 00 代表标签销毁口令和访问口令，55 代表指令尾），如图 3-17 所示。

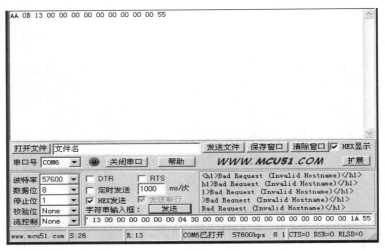

图 3-17　指定 UII 模式读取标签保留区数据块数据

(7) 单击"清除窗口"按钮，在字符串输入框中输入"AA 17 13 00 00 00 00 01 00 08 30 00 00 00 00 00 00 00 00 00 00 00 00 1A 55"（AA 和 55 分别代表指令头和尾，17 代表指令长度，13 代表指定 UII 模式读取标签数据，前 4 个 00 代表标签访问口令，01 代表读取的是标签 EPC 数据块，第 5 个 00 代表标签读取数据起始地址的置位，08 代表读取数据块的长度，30 到 1A 代表指定标签的 UII），将标签放至读卡器附近，单击"发送"按钮。RFID 模块如果成功接受指令，读卡器有读取声音提示，上方响应文本框中应显示"AA 13 13 00 BE D6 30 00 00 00 00 00 00 00 00 00 00 00 1A 55"（AA 代表指令头，第一个 13 代表指令长度，第二个 13 代表指定 UII 模式读取标签数据，第一个 00 代表读取标签数据响应，BE 到 1A 代表 EPC 数据，55 代表指令尾），如图 3-18 所示。

(8) 单击"清除窗口"按钮，在字符串输入框中输入"AA 17 13 00 00 00 00 02 00 04 30 00 00 00 00 00 00 00 00 00 00 00 00 1A 55"（AA 和 55 分别代表指令头和尾，

17 代表指令长度，13 代表指定 UII 模式读取标签数据，前 4 个 00 代表标签访问口令，02 代表读取的是标签 TID 数据块，第 5 个 00 代表标签读取数据起始地址的置位，04 代表读取数据块的长度，30 到 1A 代表指定标签的 UII），将标签放至读卡器附近，单击"发送"按钮。RFID 模块如果成功接受指令，读卡器有读取声音提示，上方响应文本框中应显示"AA 0B 13 00 E2 00 60 01 07 38 9D E2 55"（AA 代表指令头，0B 代表指令长度，13 代表指定 UII 模式读取标签数据，第一个 00 代表读取标签数据响应，E2 到 E2 代表 TID 数据，55 代表指令尾），如图 3-19 所示。

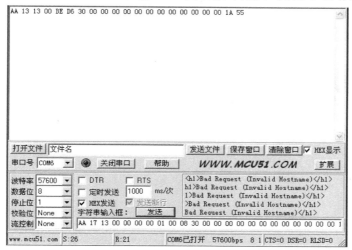

图 3-18　指定 UII 模式读取标签 EPC 数据块数据

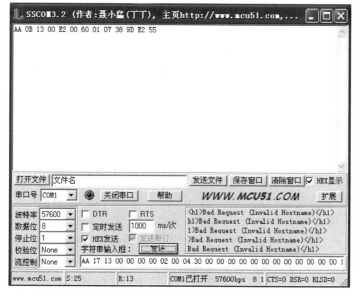

图 3-19　指定 UII 模式读取标签 TID 数据块数据

(9) 单击"清除窗口"按钮，在字符串输入框中输入"AA 17 13 00 00 00 00 03 00 08 30 00 00 00 00 00 00 00 00 00 00 00 00 1A 55"（AA 和 55 分别代表指令头和尾，17 代表指令长度，13 代表指定 UII 模式读取标签数据，前 4 个 00 代表标签访问口令，03 代表读取的是标签 USER 数据块，第 5 个 00 代表标签读取数据起始地址的置位，08 代表读取数据块的长度，30 到 1A 代表指定标签的 UII），将标签放至读卡器附近，单击"发送"按钮。RFID 模块如果成功接受指令，读卡器有读取声音提示，上方响应文本框中应显示"AA 13 13 00 00 00 00 00 00 00 00 00 00 00 00 00 00 00 00 00 00 00 00 55"（AA 代表指令头，第一个 13 代表指令长度，第二个 13 代表指定 UII 模式读取标签数据，第一个 00 代表读取标签数据响应，之后的 16 个 00 代表 USER 数据块数据，55 代表指令尾），如图 3-20 所示。

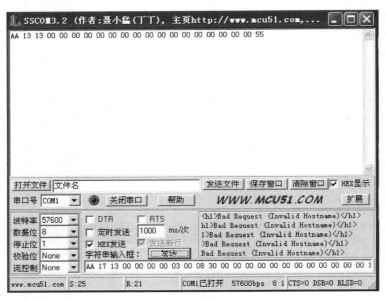

图 3-20　指定 UII 模式读取标签 USER 数据块数据

(10) 单击"清除窗口"按钮，在字符串输入框中输入"AA 0B 21 00 00 00 00 00 00 01 01 01 55"（AA 代表指令头，0B 代表指令长度，21 代表不指定 UII 模式写入标签数据，前 4 个 00 代表标签访问口令，第 5 个 00 代表写入的是存放销毁口令和访问口令的保留区数据块，第 6 个 00 代表标签写入数据起始地址的置位，第一个 01 代表写入数据块的长度，第二第三个 01 代表写入的数据，55 代表指令尾），将标签放至读卡器附近，单击"发送"按钮。RFID 模块如果成功接受指令，读卡器有读取声音提示，上方响应文本框中应显示"AA 11 21 00 30 00 00 00 00 00 00 00 00 00 00 00 00 1A 55"（AA 代表指令头，11 代表指令长度，21 代表不指定 UII 模式写入标签数据，第一个 00 代表写入标签数据响应，30 到 1A 代表写入数据的标签 UII，

55 代表指令尾），如图 3-21 所示。重复步骤(2)，读取新的销毁口令和访问口令，尝试多次更改口令，观察数据变化，最终恢复初始口令均为 0。注：写入数据只支持一次写入 1word(4 位十六进制数)的数据，下同。

图 3-21　不指定 UII 模式写入标签保留区数据块数据

(11)单击"清除窗口"按钮，在字符串输入框中输入"AA 0B 21 00 00 00 00 03 00 01 01 01 55"（AA 代表指令头，0B 代表指令长度，21 代表不指定 UII 模式写入标签数据，前四个 00 代表标签访问口令，03 代表写入的是 USER 数据块，第 5 个 00 代表标签写入数据起始地址的置位，第一个 01 代表写入数据块的长度，第二第三个 01 代表写入的数据，55 代表指令尾），将标签放至读卡器附近，单击"发送"按钮。RFID 模块如果成功接受指令，读卡器有读取声音提示，上方响应文本框中应显示"AA 11 21 00 30 00 00 00 00 00 00 00 00 00 00 00 00 1A 55"（AA 代表指令头，11 代表指令长度，21 代表不指定 UII 模式写入标签数据，第一个 00 代表写入标签数据响应，30 到 1A 代表写入数据的标签 UII，55 代表指令尾），如图 3-22 所示。重复步骤(5)，读取新的 USER 数据块数据，尝试多次改变 USER 数据块数据，观察数据变化，最终恢复初始数据均为 0。

(12)仿照步骤(10)、(11)，尝试对标签 UII、TID 数据块进行写入数据操作。如果成功写入，重复步骤(3)、(4)，读取新的 UII 和 TID 数据块数据；如果不能写入，分析响应的错误代码的数据包格式，如图 3-23 所示。

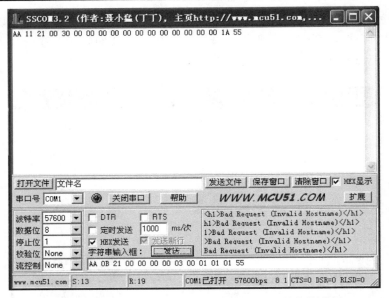

图 3-22　不指定 UII 模式写入标签 USER 区数据块数据

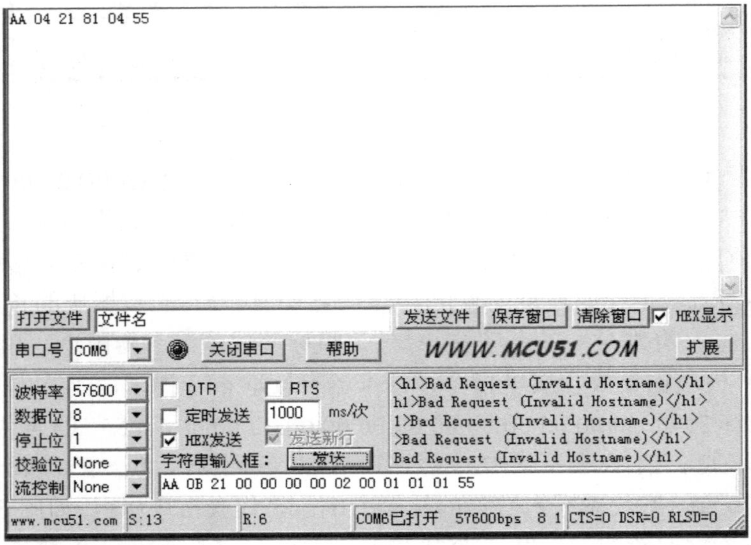

图 3-23　尝试不指定 UII 模式写入标签 UII、TID 区数据块数据

(13) 单击"清除窗口"按钮，在字符串输入框中输入"AA 19 14 00 00 00 00 00 00 01 01 01 30 00 00 00 00 00 00 00 00 00 00 00 1A 55"（AA 代表指令头，19 代表指令长度，14 代表指定 UII 模式写入标签数据，前 4 个 00 代表标签访问口令，第 5 个 00 代表写入的是存放销毁口令和访问口令的保留区数据块，第 6 个 00 代表标签写入数据起始地址的置位，第一个 01 代表写入数据块的长度，第二第三个 01 代表

写入的数据，30 到 1A 代表指定标签的 UII 号，55 代表指令尾），将标签放至读卡器附近，单击"发送"按钮。RFID 模块如果成功接受指令，读卡器有读取声音提示，上方响应文本框中应显示"AA 03 14 00 55"（AA 代表指令头，03 代表指令长度，14 代表指定 UII 模式写入标签数据，00 代表写入标签数据响应，55 代表指令尾），如图 3-24 所示。重复步骤(6)，读取新的销毁口令和访问口令，尝试多次更改口令，观察数据变化，最终恢复初始口令均为 0。

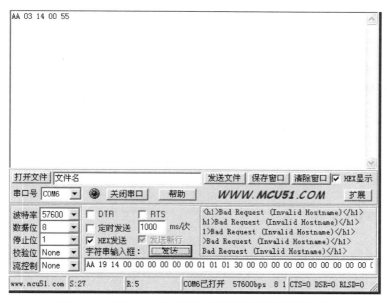

图 3-24　指定 UII 模式写入标签保留区数据块数据

(14)单击"清除窗口"按钮，在字符串输入框中输入"AA 19 14 00 00 00 00 03 00 01 01 01 30 00 00 00 00 00 00 00 00 00 00 00 1A 55"（AA 代表指令头，19 代表指令长度，14 代表指定 UII 模式写入标签数据，前 4 个 00 代表标签访问口令，03 代表写入的是 USER 数据块，第 5 个 00 代表标签写入数据起始地址的置位，第一个 01 代表写入数据块的长度，第二第三个 01 代表写入的数据，30 到 1A 代表指定标签的 UII 号，55 代表指令尾），将标签放至读卡器附近，单击"发送"按钮。RFID 模块如果成功接受指令，读卡器有读取声音提示，上方响应文本框中应显示"AA 03 14 00 55"（AA 代表指令头，03 代表指令长度，14 代表指定 UII 模式写入标签数据，00 代表写入标签数据响应，55 代表指令尾），如图 3-25 所示。重复步骤(9)，读取新的 USER 数据块数据，尝试多次更改数据，观察数据变化，最终恢复初始数据均为 0。

(15)仿照步骤(13)、(14)，尝试对标签 UII、TID 数据块进行指定 UII 的写入数据操作。如果成功写入，重复步骤(7)、(8)，读取新的 UII 和 TID 数据块数据；如果不能写入，分析响应的错误代码的数据包格式，如图 3-26 所示。

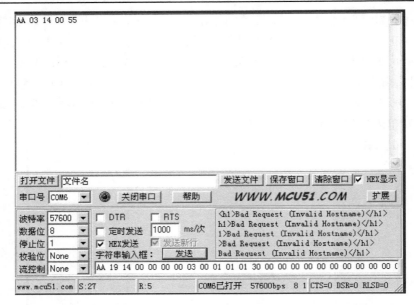

图 3-25　指定 UII 模式写入标签 USER 区数据块数据

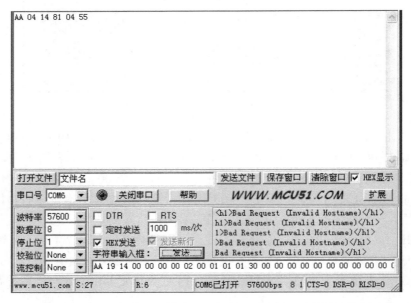

图 3-26　尝试指定 UII 模式写入标签 UII、TID 区数据块数据

(16)单击"清除窗口"按钮，关闭串口调试工具，结束 RFID 串口指令读写数据实验，如图 3-27 所示。

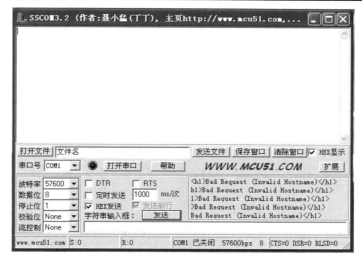

图 3-27　关闭串口调试工具

(17)在实验软件主界面单击"RFID 读写操作"按钮，进入"RFID 读写操作"实验界面。选择串口号，单击"连接设备"按钮，如果连接成功，连接设备图标点亮，"实验流程"窗口提示"已成功打开串口"；单击"开始实验"按钮，完成硬件初始化，"实验流程"窗口提示"RFID 基本读取实验开始"，如图 3-28 所示。

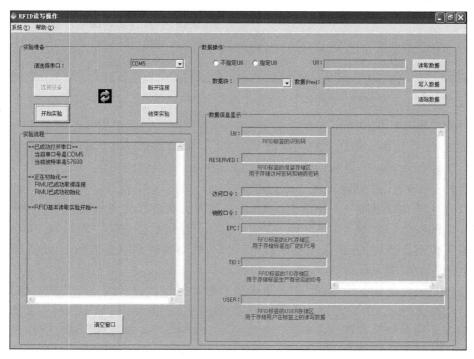

图 3-28　初始化界面

（18）选择"不指定 UII"按钮，分别选择"数据块"下拉框中 4 种存储区数据块，单击"读取数据"按钮，"实验流程"窗口会提示正在不指定 UII 模式下进行当前选择存储区的读取；如果读取成功，"数据信息显示"窗口会提示成功读取当前存储区信息，查看下方对应文本框存储区信息的变化，如图 3-29 所示。

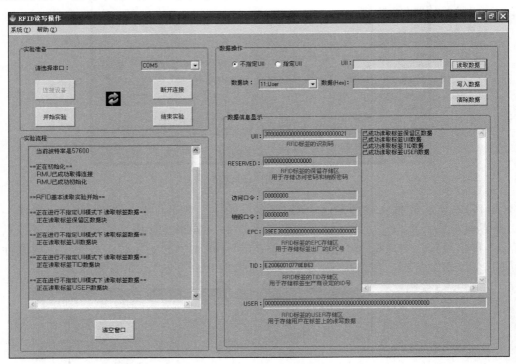

图 3-29　不指定 UII 模式下进行当前选择存储区的读取

（19）选择"数据块"下拉框中的 Reserved 存储区，在数据文本框输入十六进制的 8 位或 16 位数据，单击"写入数据"按钮，提示数据成功写入标签。单击"读取数据"按钮查看访问口令和销毁口令以及 Reserved 文本框的变化，试分析写入数据的步骤和 Reserved 存储区对应口令的存放位置，如图 3-30 所示。

（20）选择"数据块"下拉框中的 User 存储区，在数据文本框输入十六进制的 8 位或 8 位的整数倍数据，单击"写入数据"按钮，提示数据成功写入标签。单击"读取数据"按钮，查看 User 文本框的变化，试分析写入数据的步骤和 User 存储区对应数据的存放位置，如图 3-31 所示。

（21）复制当前标签读取的 UII，单击"清除数据"按钮，清空"数据信息显示"窗口。选择"指定 UII"按钮，在 UII 文本框粘贴复制的 UII，分别选择"数据块"下拉框中 4 种存储区数据块。单击"读取信息"按钮，"实验流程"窗口会提示正在指定 UII 模式下进行当前选择存储区的读取。如果读取成功，"数据信息显示"窗口

会提示成功读取当前存储区信息,查看下方对应文本框存储区信息的变化,如图 3-32
所示。

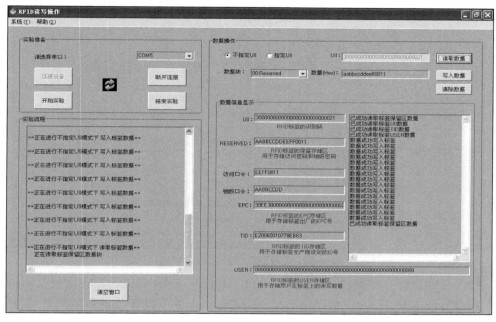

图 3-30　不指定 UII 模式下写入数据到 Reserved 存储区

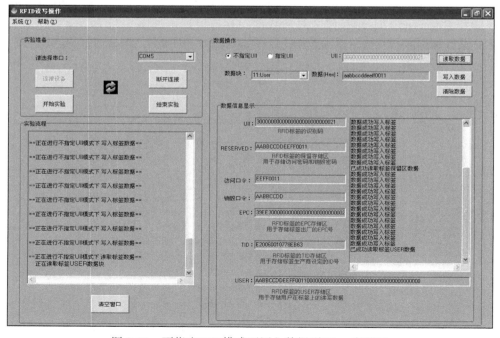

图 3-31　不指定 UII 模式下写入数据到 User 存储区

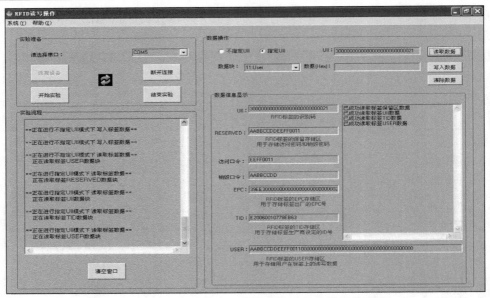

图 3-32　指定 UII 模式下进行当前选择存储区的读取

（22）分别选择"数据块"下拉框中的 Reserved、User 存储区，在数据文本框输入十六进制的 8 位或 16 位数据（Reserved 存储区）、8 位或 8 位的整数倍数据（User 存储区），单击"写入数据"按钮，数据成功写入标签。单击"读取数据"按钮，查看访问口令、销毁口令、Reserved 文本框以及 User 文本框的变化，试分析写入数据的步骤和 Reserved、User 存储区对应数据的存放位置，如图 3-33 所示。

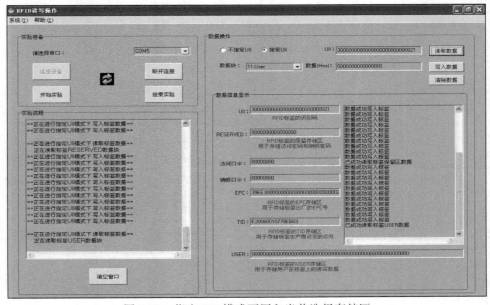

图 3-33　指定 UII 模式下写入当前选择存储区

（23）单击"断开连接"按钮，"实验流程"窗口显示"已成功关闭串口"。单击"结束实验"按钮，单击"确定"按钮，结束 RFID 读写操作实验，回到主界面，如图 3-34 所示。

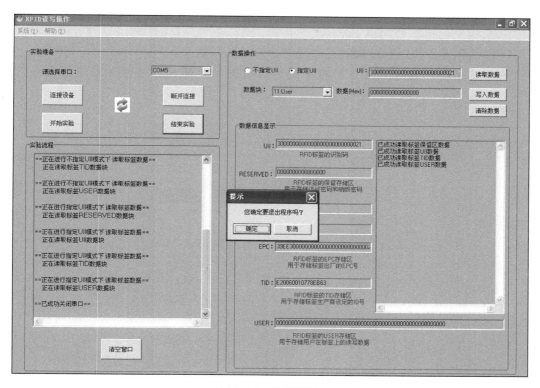

图 3-34　结束实验

3.2.5　实验预习要求

（1）了解 RFID 两种模式读写存储区数据的命令定义。

（2）了解 RFID 的读写原理。

（3）了解 RFID 的 4 种存储区结构，以及其中分别存储的数据格式。

3.2.6　实验报告要求

（1）记录实验步骤和实验结果。

（2）试分析读两种模式读写存储区数据命令和响应的数据包格式。

（3）试分析响应错误代码的数据包格式，解释各错误代码分别代表什么含义。

(4)记录 RFID 在指定 UII、不指定 UII 两种模式下，读取和写入的标签 4 个存储区数据块内容，试分析存储区数据结构。

(5)回答思考题。

3.2.7　实验思考题

(1)试分析访问口令对读写存储区命令的限制和意义。

(2)试分析存储区哪些数据块不能写入数据，解释其通过何种方式拒绝写入指令。

第 4 章　RFID 标签防冲突识别及其实验

4.1　引　　言

本实验通过不同识别方式的选择来搜索和读取标签，使学生理解 RFID 的多种标签识别模式之间的区别、防冲突识别 Q 值对于多标签识别的意义、标签识别的命令和响应数据包格式。

4.2　工　作　原　理

RFID 系统工作的时候，当有 2 个或 2 个以上的电子标签同时在同一个阅读器的作用范围内向阅读器发送数据的时候就会出现信号的干扰，这个干扰被称为冲突问题(或碰撞问题)，其结果将导致该次数据传输的失败，因此必须采用适当的技术防止冲突的产生。

RFID 防冲突问题与计算机网络媒介访问层中的网络冲突本质上是一样的，但由于 RFID 系统尤其是标签的硬件能力限制，使得传统网络中的很多算法都不能或者很难适用于 RFID 系统，例如标签没有冲突检测功能、标签之间不能相互通信、所有的冲突判定都需要由阅读器来实现，以及标签的存储容量和计算能力有限等。从多个电子标签到一个阅读器的通信称为多路存取，多路存取中有 4 种方法可以将不同的标签信号分开：空分多路法(SDMA)、频分多路法(FDMA)、时分多路法(TDMA)和码分多路法(CDMA)。针对 RFID 系统低成本、较少硬件资源和数据传输速度以及数据可靠性的要求，TDMA 构成了 RFID 系统防冲突算法最为广泛使用的一族。现有的 TDMA 防冲突算法可以分为基于 ALOHA 机制的算法和基于二进制树两种类型，下面探讨这两种算法。

4.2.1　基于 ALOHA 的防冲突算法

ALOHA 算法是一种信号随机接入的方法，采用电子标签控制方式，即电子标签一进入阅读器的作用范围内，就自动向阅读器发送自身的序列号，随即与阅读器开始通信。在一个电子标签发送数据的过程当中，如果其他的电子标签也在发送数据，那么发送的信号重叠会引起冲突。阅读器接收到信号之后，检测是否有冲突发生。ALOHA 算法的模型图如图 4-1 所示。

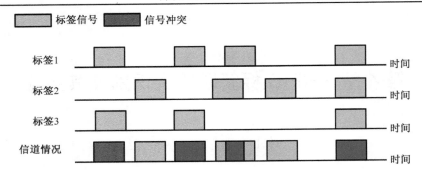

图 4-1　ALOHA 算法模型图

　　阅读器一旦检测到冲突产生，就会发送命令让其中一个电子标签暂停发送数据，随机等待一段时间以后再重新发送数据。由于每个数据帧的发送时间只是重复发送时间的一小部分，以致在两个数据帧之间产生相当长的间歇，所以存在着一定的概率，使两个标签的数据帧不产生冲突。这种算法的信道利用率仅为 18.4%，这说明 80% 以上的数据通路没有被利用，该方法实现防冲突的效率代价较高。但是由于 ALOHA 算法实现的简单性，并且适于标签数量不定的场合，能够作为一种防冲突法较好地适用于只读电子标签系统。

　　为了提高 ALOHA 算法的吞吐率，可以采用改进的 ALOHA 算法。时隙 ALOHA 算法（S-ALOHA）在 ALOHA 算法的基础上将时间分成多个离散的相同大小的时隙，标签只能在每个时隙的分界处才能发送数据。时隙 ALOHA 算法的信道利用率达到 36.8%，比 ALOHA 算法效率最大提高了一倍，但是同时要求所有的电子标签必须由阅读器同步控制，因此这是一种随机的、阅读器控制的 TDMA 防冲突法。S-ALOHA 算法模型图如图 4-2 所示。

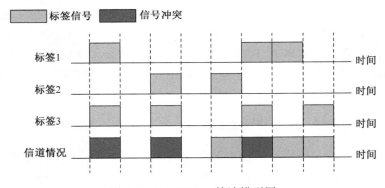

图 4-2　S-ALOHA 算法模型图

　　在 S-ALOHA 的基础上，将若干个时隙组织为一帧，阅读器按照帧为单元进行识别，这就是帧时隙 ALOHA（FSA）。其识别过程如下：在每一帧开始时，阅读器

广播帧的长度 f，即帧所包含的时隙个数，并激活场中所有标签。每个标签在接到帧长之后随机独立地在 $0 \sim (f-1)$ 中选择一个整数作为自己发送标示符的时隙序号，并将这个序号存在寄存器 SN 中。紧接着，阅读器通过时隙开始命令启动一个新的时隙，如果标签 SN 的值等于 0 则立即发送标识符号，如果不等于 0 则只是其标识符减 1 而不发送标识符。如果发送成功即无冲突发生，则该标签立即进入休眠状态，之后的时隙不再活动；如果冲突发生，则该标签进入等待状态，在下个帧中再选择一个时隙重新发送。这个过程一直重复持续下去，直到阅读器在某一帧中没有收到任何标签信号，则认为所有标签均被识别。FSA 的优点在于逻辑简单，电路设计简单，所需内存少，且在帧内只随机发送一次，这样能够更进一步降低冲突的概率。FSA 是 RFID 系统中最常用的一种基于 ALOHA 的防冲突算法。FSA 算法模型如图 4-3 所示。

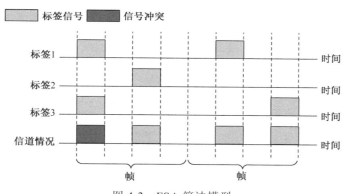

图 4-3　FSA 算法模型

　　FSA 算法中帧的长度是固定的，当标签个数远大于帧的长度时，冲突发生的概率会增大，识别标签的时间将会极大地增加；相反，当标签个数远小于帧的长度时，会造成时隙的巨大浪费，也会增加识别的时间。从理论方面很容易证明：只有当帧的长度等于阅读器场内标签数目时，FSA 的性能才能达到最大。但是实际中标签的数目是未知的，并且动态变化，所以 FSA 帧长的设置是一个难题。为了解决 FSA 算法的局限性，动态自适应设置帧长度的算法呼之欲出。目前流行的帧长度调整的方法有两种：一种方法是根据前一帧通信获取的空的时隙数目、发生碰撞的时隙数目和成功识别标签的时隙数目，来估计当前的标签，从而设置下一帧的最优的长度；另一种方法是根据前一时隙的反馈动态调整帧长为 2 的整倍数，这种方法最具有代表性的是 EPCgloble Gen2 标准中设计的 Q 算法（已被接纳为 ISO 18000-6 Type C 标准）。

　　本实验使用的 RMU 系列超高频 915MHz RFID 系统采用了 ISO 18000-6 Type C 标准防冲突识别算法，支持多标签防冲突识别。随机时隙防冲突算法是 Type C 标准提出的一种新的随机时隙防冲突机制，其本质上与 Type A 采用的帧时隙 Aloha

机制一样，帧长度为 2Q，但 Type C 可以根据 Q 值动态地操作当前的识别周期。标签识别过程如下：

(1) 读写器发送 Query 命令来启动清点周期，参数 Q 包含于 Query 命令中。

(2) 标签收到 Query 命令后，在 0～2Q–1 范围内挑选一个随机值，将该值载入时隙计数器，如果随机数为 0，它将用 RN16(16 位随机数) 响应。

(3) 如果只有一个标签响应读写器，说明当前 Q 值设置比较合理，则该标签被读写器识别，接着执行操作(4)；如果没有标签响应或者冲突，则执行操作(5)。

(4) 读写器发送 ACK 命令，标签用 EPC 等数据响应读写器。

(5) 根据不同的情况去调整 Q 的值，然后发出 Query 或 QueryAdjust 命令去识别剩下的标签。

随机时隙防冲突算法的流程如图 4-4 所示。其中 Q_{fp} 为 Q 的浮点表示，C 的典型值为 $0.1 < C < 0.5$，SC 为时隙计数器。

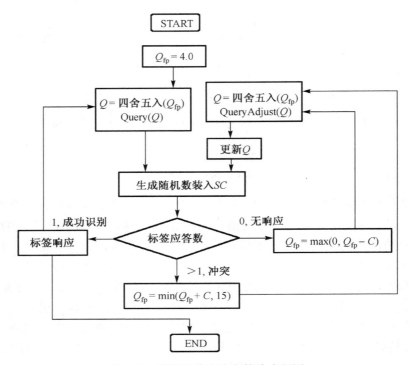

图 4-4　随机时隙防冲突算法流程图

Type C 的随机时隙防冲突的机制本质上是采用划分时隙的手段来实现标签的防冲突。在每个清点周期内，通过多次尝试调整 Q 值的大小，使标签达到比较好的响应效果，算法本身也具有自适应的能力。Q 值的调整本身和常量 C 有一定的关系，所以 C 值选定也可能导致算法的效率。虽然并不能产生最优解，但从效率上来说，比先前的帧时隙 ALOHA 算法效率要高得多。测试表明，选取合适的 Q 值，可以加速防冲突识别所需时间。由测试结果看，当天线辐射范围内的电子标签个数在 $0\sim$ 40，选择起始 Q 为 $3\sim5$ 可以快速识别场内电子标签。Q 算法能够自适应地调整帧数，识别效率高，在超高频射频识别系统中得到了广泛的应用。

4.2.2　二进制树搜索法

二进制树搜索法又名二叉树搜索法。所有用二进制唯一标识的电子标签的序列号可以构成一棵完全二叉树。在阅读器作用范围内同步向阅读器发送的信号的标签的序列号也构成一棵二叉树。阅读器根据信号冲突的情况，反复对完全二叉树的分枝进行筛剪，最终找出这棵二叉树。在寻找的过程当中逐一确定了作用区域内响应的电子标签，同时也完成了它们与阅读器之间的信息交换。算法有两种，一种是让标签随机选择所属集合，这种算法称为随机二进制树算法；另一种是按照标签的标识符号进行划分，这种算法称为查询二进制树算法。

随机二进制树算法要求每个标签维持一个计数器，计数器初始值设定为 0。在每一个时隙开始时，如果标签的计数器为 0 则立即发送自己的标识符号，否则该时隙不回复。凡是被成功识别的标签都处于沉默状态，对以后时隙的阅读器命令均不回复。按照这样的规划，第一个时隙所有的标签都会回复，因为它们的计数器此时都为 0。每一个时隙结束时阅读器会将接收的结果(冲突或不冲突)反馈给标签，场内的标签需要根据反馈的结果对自己维持的计数器进行调整，调整规划如下：①如果该时隙有冲突发生，发送标识符号的标签就会从 0 或 1 两个数字中随机选择一个，并将其加到自己的计数器上。没有发送标识符号的标签直接将自己的计数器加 1。如此一来，冲突的标签就会被分成两个集合，一个选 0 的集合和一个选 1 的集合。②如果该时隙没有冲突发生，说明该时隙内要么没有标签发送标识符号，要么仅有一个标签成功发送标识符号。被成功识别的标签保持沉默状态，直到一个新的识别过程开始。没有被成功识别的标签则需要将自己的计数器减 1。这个过程一直持续直到所有标签被识别完为止。整个识别过程就像是对一棵二叉树的中序遍历过程，如图 4-5(a)所示，图中每个节点代表一个时隙。

查询二进制树算法是一个无状态协议，不需要标签内部维持任何状态，标签只需要根据阅读器广播的标识符前缀作比较即可。阅读器内部维持一个二进制前缀，初始值为 0。每一个时隙开始时，阅读器广播该二进制前缀，电子标签将自己的标识符号前几位与此二进制前缀进行比较，若相同则立即发送标识符号。如果阅读器探测到冲突发生，则在下次查询中在原来的二进制前缀后面增加 0 或 1，重新查询，如此循环直到识别完所有的标签。整个识别过程就像是根据标签的标识符号建立一棵二叉树，该二叉树被称为查询二叉树，如图 4-5(b)所示。

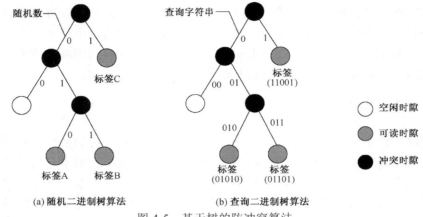

图 4-5　基于树的防冲突算法

4.2.3　标签识别模式

RMU900+模块支持单标签单步识别、单标签循环识别和多标签防冲突识别 3 种模式。用户可以根据自己的需求在这几种模式中任意转换使用。

1. 模式 1(单标签循环识别)

命令字：RMU_INVENTORY
该模式使用在单标签的识别，一次只识别一张标签，当识别到标签信息的时候，立即上传此标签信息给上位机，此操作是循环执行过程。用户就可以得到相应标签的 UII。

2. 模式 2(多标签防冲突识别)

命令字：RMU_INVENTORY_ANTI
该模式使用在多标签的防冲撞识别中，一次防冲突识别出多张标签并立即上传标签信息。此操作是一个循环识别的过程。

3. 模式 3(单标签单步识别)

命令字：RMU_INVENTORY_SINGLE
该模式使用在单标签的识别，一次只识别一张标签。当识别到标签信息的时候，立即上传此标签信息给上位机，此操作只执行一次。

4.2.4　命令定义

1. 识别标签(单标签循环识别)命令

该命令启动标签识别循环，对单张标签进行识别时使用该命令。该命令有两种响应格式：RMU 接收该命令后返回识别标签响应告诉上位机启动标签识别循环成功与否；若启动标签识别循环成功，RMU 连续返回获取标签号响应直到接收停止识别标签命令，每个获取标签号响应只返回一张标签的 UII。

数据格式如表 4-1、表 4-2、表 4-3、表 4-4 所示。

表 4-1　识别标签命令格式

数据段	SOF	LEN	CMD	*CRC	EOF
长度	1	1	1	2	1

表 4-2　识别标签响应格式

数据段	SOF	LEN	CMD	STATUS	*CRC	EOF
长度	1	1	1	1	2	1

表 4-3　获取标签响应格式

数据段	SOF	LEN	CMD	STATUS	UII	*CRC	EOF
长度	1	1	1	1	1	2	1

命令状态定义

表 4-4　识别标签 STATUS

位	Bit 7 ～ 4	Bit 3 ～ 1	Bit 0
功能	通用位	保留	1 = 识别标签响应（不包含 UII） 0 = 获取标签号响应（包含 UII）

注：该命令的 STATUS Bit 0 只在 Bit 7 为 0 时有效。

命令示例如表 4-5 所示。

表 4-5　命令示例

发送命令格式（hex）	返回数据格式（hex）	
aa 02 10 55	成功	先返回确认命令：aa 03 10 01 55（收到识别标签命令）
		再返回标签数据：aa 11 10 00 30 00 00 00 00 00 00 00 00 00 00 00 01 49 55（不断返回标签数据）
	失败：仅返回确认命令：　aa 03 10 01 55（没有识别到标签）	

2. 识别标签（单标签防冲突识别）命令

该命令启动标签识别循环，对多张标签进行识别时使用该命令。发送命令时需指定防冲突识别的初始 Q 值。该命令有两种响应格式：RMU 接收该命令后返回识别标签响应告诉上位机启动标签识别循环成功与否；若启动标签识别循环成功，RMU 连续返回获取标签号响应直到接收停止识别标签命令，每个获取标签号响应只返回一张标签的 UII。

数据格式如表 4-6、表 4-7、表 4-8、表 4-9 所示。

表 4-6　识别标签命令格式（防冲突识别）

数据段	SOF	LEN	CMD	Q	*CRC	EOF
长度	1	1	1	1	2	1

表 4-7　Q 数据段格式

Q	Bit 7 ～ Bit 4	Bit 3 ～ Bit 0
描述	保留	Q Bit 3 ～ 0

表 4-8　识别标签响应格式

数据段	SOF	LEN	CMD	STATUS	*CRC	EOF
长度	1	1	1	1	2	1

表 4-9　获取标签响应格式

数据段	SOF	LEN	CMD	STATUS	UII	*CRC	EOF
长度	1	1	1	1	1	2	1

命令状态定义如表 4-10 所示。

表 4-10　识别标签 STATUS

位	Bit 7 ～ 4	Bit 3 ～ 1	Bit 0
功能	通用位	保留	1 = 识别标签响应（不包含 UII） 0 = 获取标签号响应（包含 UII）

注：该命令的 STATUS Bit 0 只在 Bit 7 为 0 时有效。

命令示例如表 4-11 所示。

表 4-11　命令示例

发送命令格式（hex）	返回数据格式（hex）	
aa 03 11 03 55	成功	先返回确认命令：aa 03 11 01 55（收到识别标签命令）
		再返回标签数据：aa 11 10 00 30 00 00 00 00 00 00 00 00 00 00 01 49 55（不断返回标签数据）
	失败：仅返回确认命令：aa 03 11 01 55（没有识别到标签）	

3. 识别标签（单标签单步识别）命令

该命令识别单张标签。与单标签识别和防冲突识别命令不同的是：该命令不启动识别循环。每次上位机发送该命令时，RMU 识别标签，如果识别到标签则返回标签号，若没有识别到标签则无返回。

数据格式如表 4-12、表 4-13 所示。

表 4-12　识别标签命令格式

数据段	SOF	LEN	CMD	*CRC	EOF
长度	1	1	1	2	1

表 4-13　识别标签响应格式

数据段	SOF	LEN	CMD	STATUS	UII	*CRC	EOF
长度	1	1	1	1		2	1

命令示例如表 4-14 所示。

表 4-14　命令示例

发送命令格式(hex)	返回数据格式(hex)
aa 02 18 55	成功：aa 07 18 00 08 00 00 01 55
	失败：无返回

4. 停止操作命令

该命令用于停止 RMU 当前所进行的任何操作。RMU 接收到该命令之后退出当前操作状态，进入空闲状态。

数据格式如表 4-15、表 4-16 所示。

表 4-15　停止操作命令格式

数据段	SOF	LEN	CMD	*CRC	EOF
长度	1	1	1	2	1

表 4-16　停止操作响应格式

数据段	SOF	LEN	CMD	STATUS	*CRC	EOF
长度	1	1	1	1	2	1

命令示例如表 4-17 所示。

表 4-17　命令示例

发送命令格式(hex)	返回数据格式(hex)
aa 02 12 55	成功：　aa 03 12 00 55
	失败：无返回

4.3　实验设备与软件环境

硬件：PC Pentium III 800MHz、内存 256MB 以上，915MHz RFID 阅读器 1 个，RFID 标签若干，串口电缆线 1 根，5V 电源 1 个。

软件：Windows 98 以上操作系统，RFID 系统开发平台配套软件，串口调试工具。

4.4　实验内容与步骤

4.4.1　实验内容

　　RFID 标签识别实验内容分为基于串口调试工具的操作以及基于实验软件的操作两个部分。分别利用串口调试工具以及实验软件进行单标签单步识别、单标签循环识别、多标签防冲突识别。

4.4.2　实验步骤

　　(1)运行 SSCOM32 串口调试工具软件，在其界面上选择正确的串口号，设置串口：波特率(57600)、数据位数(8)、停止位数(1)、校验位(None)和流控制(None)，选中"HEX 发送"和"HEX 显示"，打开串口，如图 4-6 所示。

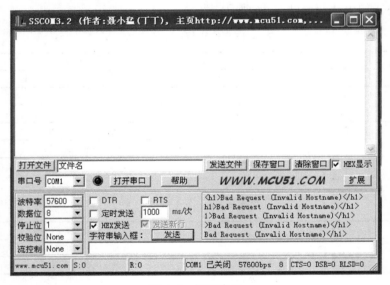

图 4-6　打开串口

　　(2)在字符串输入框中输入"AA 02 18 55"(AA 代表指令头，02 代表指令长度，18 代表单标签单步识别，55 代表指令尾)，将标签放至读卡器附近，单击"发送"按钮。RFID 模块如果成功接受指令，读卡器有读取声音提示，上方响应文本框中应显示"AA 11 18 00 30 00 00 00 00 00 00 00 00 00 00 00 00 00 1B 55"(AA 代表指令头，11 代表指令长度，18 代表单标签单步识别，00 代表获取标签响应，30 到 1B 代表标签 UII，55 代表指令尾)，如图 4-7 所示。

图 4-7　单标签单步识别

（3）在字符串输入框中输入"AA 02 10 55"（AA 和 55 分别代表指令头和尾，02 代表指令长度，10 代表单标签循环识别），单击"发送"按钮。将标签放至读卡器附近，RFID 模块如果成功接受指令，上方响应文本框中应先返回"AA 03 10 01 55"（AA 代表指令头，03 代表指令长度，10 代表单标签循环识别，01 代表不含 UII 的标签识别响应，55 代表指令尾），再返回"AA 11 10 00 30 00 00 00 00 00 00 00 00 00 00 00 00 1B 55"，其中第一个 00 代表含 UII 的标签识别响应，之后不断返回标签 UII，如图 4-8 所示。

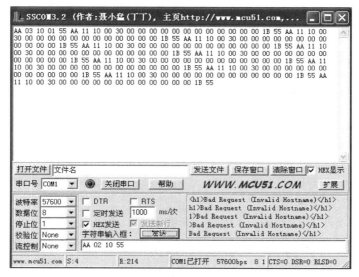

图 4-8　单标签循环识别

(4) 单击"清除窗口",清空响应文本框。在字符串输入框中输入"AA 03 11 03 55"（AA 和 55 分别代表指令头和尾，03 代表指令长度，11 代表多标签防冲突识别，03 代表防冲突 Q 值），单击"发送"按钮。将标签放至读卡器附近，RFID 模块如果成功接受指令，上方响应文本框中应先返回"AA 03 11 01 55"（AA 代表指令头，03 代表指令长度，11 代表多标签防冲突识别，01 代表不含 UII 的标签识别响应，55 代表指令尾），再返回"AA 11 11 00 30 00 00 00 00 00 00 00 00 00 00 00 00 1B 55"，其中第一个 00 代表含 UII 的标签识别响应，之后不断返回标签 UII，如图 4-9 所示。

图 4-9　多标签防冲突识别

(5) 单击"清除窗口"，清空响应文本框。在字符串输入框中输入"AA 02 12 55"（AA 和 55 分别代表指令头和尾，02 代表指令长度，12 代表停止标签识别），单击"发送"按钮。将标签放至读卡器附近，RFID 模块如果成功接受指令，上方响应文本框中应返回"AA 03 12 00 55"（AA 和 55 分别代表指令头和尾，03 代表指令长度，12 代表停止标签识别，00 代表停止标签识别响应），之后不再返回标签识别码，如图 4-10 所示。

(6) 单击"清除窗口"按钮，单击"关闭串口"按钮，结束 RFID 串口指令标签识别实验，如图 4-11 所示。

(7) 在实验软件主界面单击"RFID 标签识别"按钮，进入"RFID 标签识别"实验界面。选择串口号，单击"连接设备"按钮，如果连接成功，连接设备图标点亮，"实验流程"窗口提示"已成功打开串口"。单击"开始实验"按钮，完成硬件初始化，"实验流程"窗口提示标签识别实验开始，如图 4-12 所示。

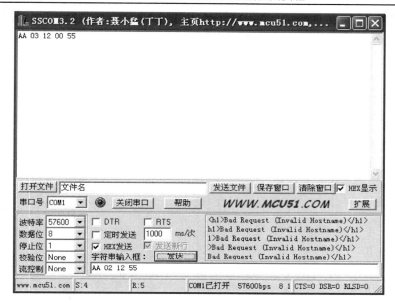

图 4-10　停止标签识别

图 4-11　关闭串口

(8)选择"单标签单步识别"按钮,将标签放至读卡器附近,单击"开始识别"按钮。如果识别成功,听到读卡器的提示音,"实验流程"窗口提示"正在进行单标签单步识别"。重复单击"开始识别"按钮,观察读取次数变化。单击"停止识别"按钮,结束单标签单步识别,如图 4-13 所示。

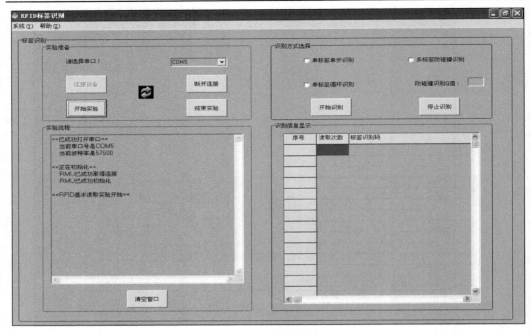

图 4-12　初始界面

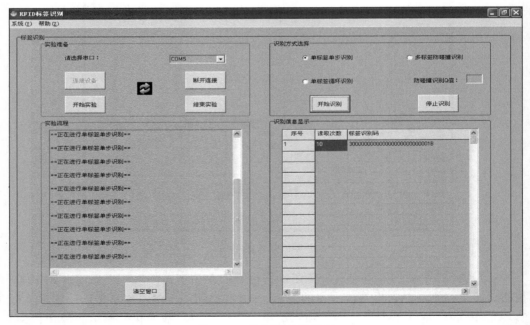

图 4-13　单标签单步识别

(9)选择"单标签循环识别"按钮,将标签放至读卡器附近,单击"开始识别"按钮。如果识别成功,听到读卡器的提示音,"实验流程"窗口提示"正在进行单标签循环识别",观察读取次数变化。单击"停止识别"按钮,结束单标签循环识别,如图 4-14 所示。

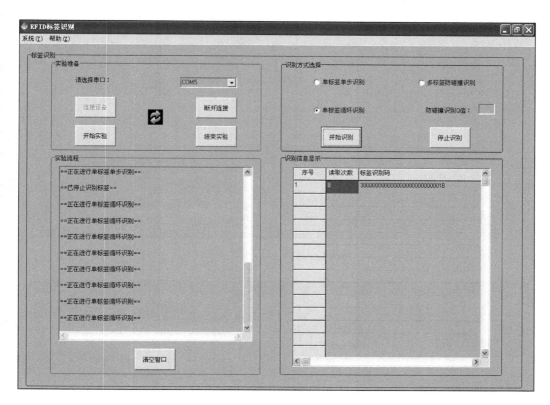

图 4-14　单标签循环识别

(10)选择"多标签防碰撞识别"按钮,在文本框中输入防碰撞识别 Q 值,将标签放至读卡器附近,单击"开始识别"按钮。如果识别成功,听到读卡器的提示音,"实验流程"窗口提示"正在进行多标签防碰撞识别",观察读取次数变化。重新输入 Q 值,单击"开始识别"按钮,观察不同 Q 值对标签识别时间的影响。单击"停止识别"按钮,结束多标签防碰撞识别,如图 4-15 所示。

(11)单击"断开连接"按钮,"实验流程"窗口显示"已成功关闭串口"。单击"结束实验"按钮,单击"确定"按钮,结束 RFID 标签识别实验,回到主界面,如图 4-16 所示。

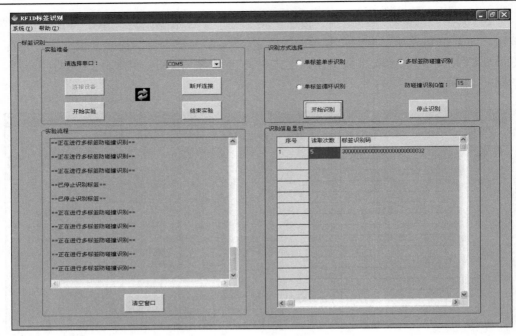

图 4-15　多标签防碰撞识别

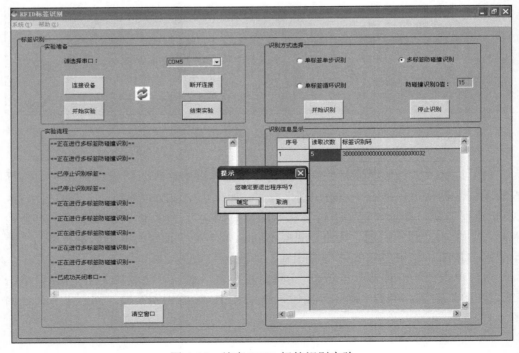

图 4-16　结束 RFID 标签识别实验

4.5　实验预习要求

（1）了解 RFID 的标签识别原理。

（2）了解 RFID 的单标签单步识别、单标签循环识别、多标签防冲突识别 3 种识别模式。

（3）了解 RFID 3 种标签识别的命令定义。

4.6　实验报告要求

（1）记录实验步骤和实验结果。

（2）试分析读 3 种标签识别的命令和响应数据包格式。

（3）试分析响应错误代码的数据包格式，解释各错误代码分别代表什么含义。

（4）记录 RFID 在不同识别模式下，读取的标签 ID 号，试分析不同识别模式之间的区别。

（5）设置不同防碰撞识别 Q 值，记录识别标签时间的区别。

（6）回答思考题。

4.7　实验思考题

（1）试分析防冲突识别和单标签识别命令和响应的区别

（2）试分析 Q 值对于防冲突识别的意义。

第 5 章　2.4GHz RFID 系统读取标签信息实验

5.1　实验目的

本实验通过对 2.4GHz RFID 系统的串口基本控制、串口控制 RFID 阅读器搜索和读取标签信息等操作，使学生掌握阅读器和标签的基本使用方法，理解 RFID 的连接方式和基本工作原理，了解 2.4GHz RFID 有源标签的读取标签信息的命令和响应指令格式。

5.2　实验原理

5.2.1　基本工作原理

依据标签有无内部供电，RFID 标签分为被动式、半被动式（也称作半主动式）、主动式 3 类。与被动式和半被动式不同的是，主动式标签本身具有内部电源供应器，用以供应内部 IC 所需电源以产生对外的信号。一般来说，主动式标签拥有较长的读取距离，并可容纳较大的内存容量，可以用来储存读取器所传送来的一些附加信息。主动式与半被动式标签的差异为：主动式标签可借由内部电力，随时主动发射内部标签的内存资料到读取器上，而半被动式不可以。主动式标签又称为有源标签，内建电池，可利用自有电力在标签周围形成有效活动区，主动侦测周围有无读取器发射的呼叫信号，并将自身的资料传送给读取器。

有源电子标签是指标签工作的能量由电池提供，电池、内存与天线一起构成有源电子标签。它不同于被动射频的激活方式，在电池更换前一直通过设定频段外发信息。常见的有源电子标签工作于 433MHz 频段或 2.4GHz 工作频段。

有源电子标签与无源电子标签相比，具有如下显著区别：

（1）在识别距离上，有源电子标签比无源标签远得多。

（2）识别稳定性上，有源电子标签比无源电子标签好。

（3）在读取速度上，有源电子标签同时读取多电子标签的速度快。

（4）在标签寿命上，有源电子标签的寿命比无源电子标签的寿命要短，但可以更换电池。

本实验读取的标签均为工作于 2.4GHz 工作频段的有源电子标签，该标签在电池更换前一直通过设定频段外发信息（默认 1 秒钟发送 3 次，发送频率可以根据用户要求进行修改)，并且能够发射很远的距离。该无线信号是有编码的，每个标识卡的编码是唯一的。标识卡发出的无线信号如果是在读卡器的有效测量距离内，则该无线信号通过读卡器上的天线被读卡器接收并解码，然后可以通过 TTL232 接口将信息发送给管理系统或其他监控系统。2.4GHz 工作频段是也目前利用率最高的 ISM 频段，除了反向散射 RFID 系统外，蓝牙、Zigbee 以及 WLAN 协议等也使用该频段。

本实验所使用的读写器模块为苏州木兰电子科技有限公司生产的 ML-M300。主要性能参数如下：

- ML-M300 读写器模块专用于 RFID 的识别和编程；
- 采用 3～3.6V 的供电电压；
- 可以同时识别 200 张卡；
- 识别的距离是 30～50m(具体要看环境而定)；
- 识别方向为全向；
- 能识别移动速度 200km/h 以内快速移动的电子标签；
- 工作的频率在 2.4～2.5GHz ISM 微波段；
- 数据速率是 1Mbps，射频功率是 –20～0dBm 且可调，最大峰值功率 1mW；
- 在 –40～85℃的工作环境的接受灵敏度是 –90dBm；
- 开发接口与其他设备连接是 TTL232，异步通信速率 9600bit/s。

有源 RFID 系统的应用领域非常广泛，尤其集中在跟踪定位、仓储物流以及交通运输等方面，主要包括如下一些典型应用：

- 停车场车辆免伸手(Hand Free)出入控制；
- 隧道安全管理系统；
- 煤矿井下人员定位管理系统；
- 驾校考试系统；
- 机动车电子牌照自动识别系统；
- 高速公路 ETC 电子收费系统；
- 公交车进出站"标杆"自动管理系统；
- 企事业单位人员出入自动考勤系统；
- 城市宠物追踪和管理；
- 野生动物追踪和管理；
- 仓库物品出入管理；
- 燃气管线、变压设备智能检修；
- 高附加值产品追踪；
- 工厂生产线工序管理；
- 仓储托盘等容器追踪和管理；
- 海运、水运、公路和铁路中的集装箱运输。

5.2.2　通信接口

本实验所用的 2.4GHz 高频 RFID 读写模块通过 UART 与上位机通信。上位机（例如，PC 或单片机）需要按照规定数据格式往 RFID 阅读器发送命令，并接收 RFID 阅读器返回的信息。

上位机发送到 RFID 阅读器的数据包以下称"命令"，而 RFID 阅读器返回到上位机的数据包以下称"响应"。以下所有数据段的长度单位为字节。

2.4GHz RFID 阅读器的通信参数设置如表 5-1 所示。

表 5-1　通信参数设置

波特率	9600bit/s
数据域	8bits
停止位	1bit
校验位	无
流控制	无

5.2.3　指令格式

上位机发送到 RFID 阅读器的数据包以下称"命令"，而 RFID 阅读器返回到上位机的数据包以下称"响应"。以下所有数据段的长度单位为字节。

上位机发送到 RFID 阅读器的指令格式如表 5-2 所示。

表 5-2　发送的指令格式

读头地址	长度字	命令码	结束字

读头地址：1 字节，指明读到标签的读卡器的读头地址。
长度字：　1 字节，指明从读头地址到结束字的字节数。
命令码：　1 字节，指明相应指令。
结束字：　1 字节，指明指令结束的标志字。
RFID 阅读器返回到上位机的指令格式如表 5-3 所示。

表 5-3　返回的指令格式

开始标志	开始标志	读头地址	数据域	结束标志	结束标志

开始标志：各 1 字节，=FF。
读头地址：1 字节，指明读到标签的读卡器的读头地址。
数据域：字节数根据不同命令而变化。
结束标志：各 1 字节，=EE。

5.2.4　读取标签信息命令定义

该命令获取当前阅读器读取的标签的基本信息，用户可利用该命令获取标签号（唯一标识符）、读头地址、电压状况

命令格式如表 5-4 所示。

表 5-4　读取标签信息命令格式

	1 字节	1 字节	1 字节	1 字节	1 字节	1 字节	……	1 字节	1 字节	1 字节	1 字节
命令	读头地址	数据长度	命令	结束							
响应	开始标志	开始标志	读头地址	预留参数	数据 1 高字节	数据 1 低字节	……	数据 n 高字节	数据 n 低字节	结束标志	结束标志

命令示例如表 5-5 所示。

表 5-5　读取标签信息命令示例

	测试数据（主机向从机发送命令并接收从机的数据）							
发送	01	04	01	03				
接收	FF	FF	01	00	00	70	EE	EE

（1）发送命令解析如下。

01：读头地址；04：命令长度；01：读取标签信息命令；03：结束字。

（2）接收响应解析如下。

FF FF：开头标志；01：读头地址；00：预留参数，默认为 0，系统升级使用；

00 70：读取到的第 1 个标签的有效数据；接收到得数据的格式为最高位，次高位，…，最低位；卡号是几个字节，就传输几个字节；本实验中卡号是 2 个字节，依次类推，有几个卡读取几个卡的数据，当然每次读卡的顺序可能不一样，根据读卡速度的不同，每次读取到的卡数也不一定完全一样；

EE EE：结束标志。

5.3　实验设备与软件环境

硬件：PC Pentium III 800MHz、内存 256MB 以上，2.4GHz RFID 阅读器 1 个，RFID 标签若干，串口电缆线 1 根，5V 电源 1 个。

软件：Windows 98 以上操作系统，RFID 系统开发平台配套软件，串口调试工具软件。

5.4　实验内容与步骤

5.4.1　实验内容

2.4GHz RFID 读写系统实验主要内容包括：利用串口调试工具以及配套实验软件实现获取标签号(唯一标识符)、读头地址、电压状况等标签信息。

5.4.2　实验步骤

(1)确保 RFID 读写模块供电正常后，使用串口将 RFID 阅读器与 PC 相连，并且查看它连接的是哪一个端口(右击"我的电脑"，在"属性"→"硬件"→"设备管理器"→"端口(COM 和 LPT)"中查看)。

(2)运行 SSCOM32 串口调试工具软件，在其界面上选择正确的串口号，设置串口：波特率(9600)、数据位数(8)、停止位数(1)、校验位(None)和流控制(None)，选中"HEX 发送"和"HEX 显示"，打开串口，如图 5-1 所示。

图 5-1　打开串口

(3)在字符串输入框中输入"01 04 01 03"(具体含义见命令解析)，单击"发送"按钮。RFID 模块如果成功接受指令，上方响应文本框中显示"FF FF 01 00 05 B6 01 C8 B5 76 01 9C 01 E1 05 B1 01 B3 01 99 01 EB 01 A5 01 C7 01 AD 01 CA 01 DB 01 96 01 D3 01 A8 01 A3 01 B2 01 9A 01 CE 01 A7 01 BC 01 D1 01 B5 01 E5 01 BB 01 E6 01 B4 EE EE"(具体含义见命令解析)，如图 5-2 所示。

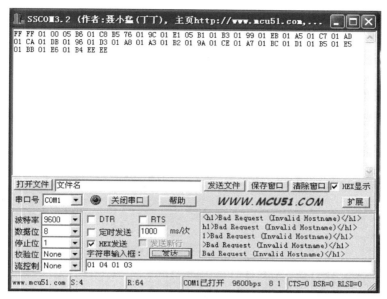

图 5-2　读取标签信息

（4）单击"清除窗口"按钮，单击"关闭串口"按钮（务必关闭串口，不然后续实验会报错"串口被占用"），结束 RFID 串口指令读取标签信息实验，如图 5-3 所示。

图 5-3　关闭串口

（5）运行"2.4GHz RFID读取系统实验"软件，选择串口号和波特率（9600），单击"打开串口"按钮。如果成功，串口连接图标变亮，"实验流程"窗口显示"已成功打开串口"，并提示当前串口号和波特率；单击"开始实验"按钮，"实验流程"窗口提示实验开始，如图5-4所示。

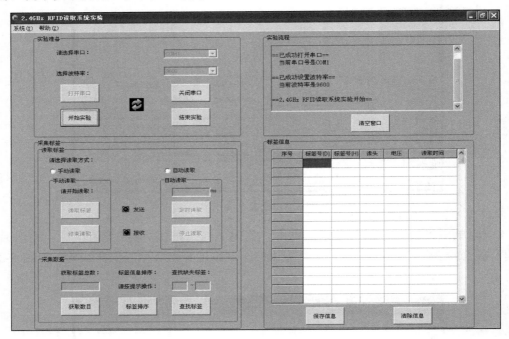

图 5-4　实验开始

（6）读取标签操作提供了两种读取方式，选择"手动读取"按钮，"实验流程"窗口显示"已选取手动读取方式 请开始读取"，"手动读取"下方按钮亮起；单击"读取标签"按钮，如果读取标签命令发送成功，发送命令绿色指示灯闪烁；如果接收响应成功，接收响应红色指示灯闪烁。"标签信息"窗口显示当前读取标签的基本信息，包括标签号（十进制）、标签号（十六进制）、读头、电压、读取时间。单击"结束读取"按钮，结束手动读取操作，如图5-5所示。

（7）选择"自动读取"按钮，"实验流程"窗口显示"已选择自动读取方式 请设置读取间隔时间"，"自动读取"下方按钮亮起。在读取间隔时间文本框中设置间隔时间（ms为单位），单击"定时读取"按钮。如果读取标签命令发送成功，发送命令绿色指示灯闪烁；如果接收响应成功，接收响应红色指示灯闪烁，"标签信息"窗口显示当前读取标签的基本信息，包括标签号（十进制）、标签号（十六进制）、读头、电压、读取时间。标签每隔设置的间隔时间读取一次标签信息。单击"停止读取"按钮，结束自动读取操作，如图5-6所示。

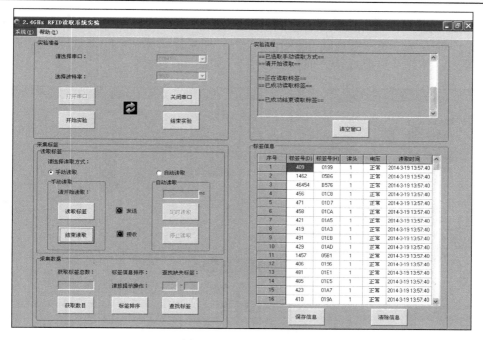

图 5-5　手动读取标签

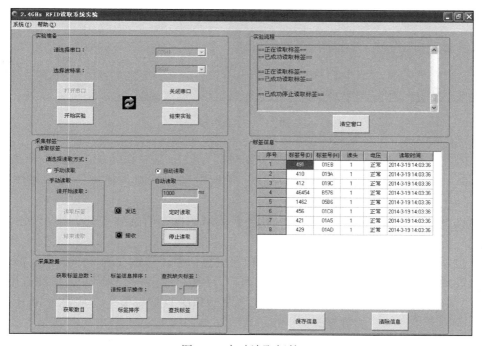

图 5-6　自动读取标签

(8) 单击"获取数目"按钮，获取当前读取的标签总数；单击"标签排序"按钮，提示"请单击需排序列的标题"，单击标签号，如果排序成功，标签号按照从小到大依次排列，并提示"已成功完成标签排序！"如图 5-7 所示。

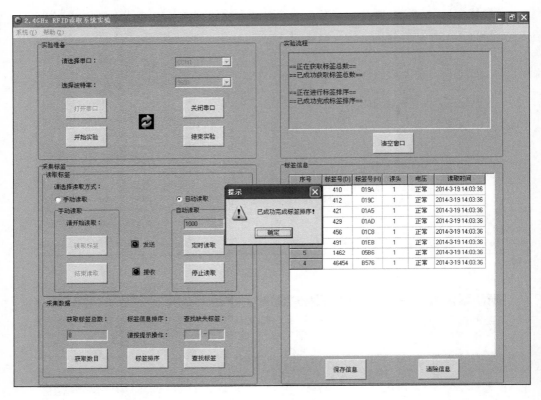

图 5-7　标签排序

(9) 在"查找缺失标签"文本框中分别填写起始标签号和终止标签号，单击"查找标签"按钮，如果成功，"实验流程"窗口中会罗列缺失的标签号，如图 5-8 所示。

(10) 单击"保存信息"按钮，保存当前读取的标签信息到 Excel 中，如图 5-9 所示。

(11) 单击"清除信息"按钮，清除标签信息；单击"清空窗口"按钮，清空实验流程；单击"关闭串口"按钮(务必关闭串口，不然后续实验会报错"串口被占用")，单击"结束实验"按钮，单击"确定"，结束 RFID 读取标签信息实验，如图 5-10 所示。

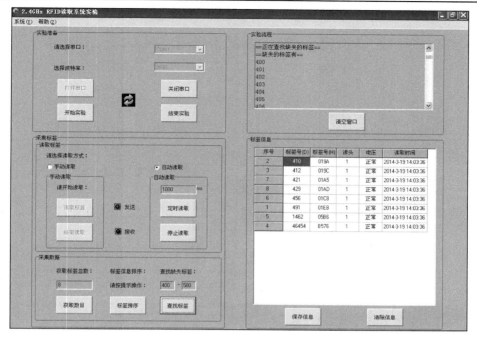

图 5-8   查找标签

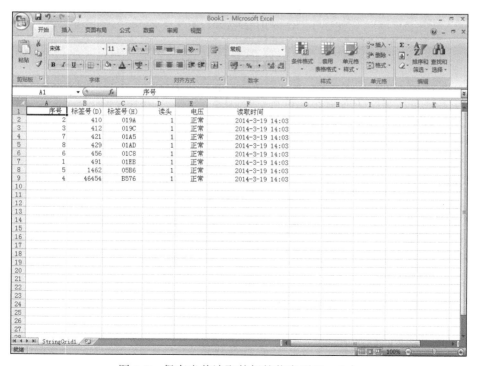

图 5-9   保存当前读取的标签信息到 Excel 中

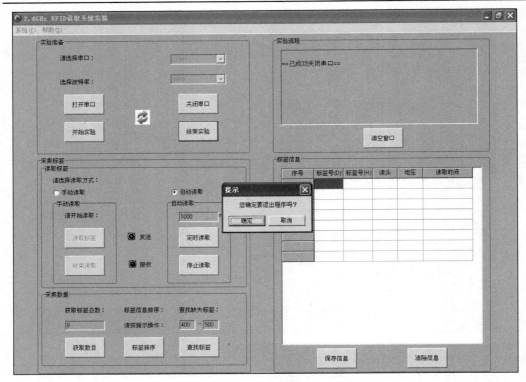

图 5-10　结束 RFID 读取标签信息实验

5.5　实验预习要求

(1)了解有源 RFID 的功能、特性和应用。
(2)了解有源 RFID 的基本工作原理。
(3)了解有源阅读器读取标签信息的使用方法。
(4)了解读取标签信息的命令定义。

5.6　实验报告要求

(1)记录有源 RFID 的采集操作和标签信息。
(2)记录实验步骤和实验结果。
(3)回答思考题。

5.7　实验思考题

试分析读取标签信息的命令和响应数据包格式。

第 6 章 物联网节点外设控制及其实验

6.1 引　　言

本实验由学生完成物联网平台主节点与 PC 机间的串口通信，以及定时器、LED 灯、按键和显示屏等外设的控制。通过对实验现象的观察和源代码的剖析，使学生了解物联网节点 ZigBee 模块串口收发数据的过程和外设的控制方法及软件实现方法，以便于进行后续的综合实验和开发工作。

6.2 工 作 原 理

6.2.1 ZigBee 技术简介

ZigBee 技术是一种低速率、低功耗、低成本，针对家庭自动化、楼宇自动化、工业监控等无人监控领域应用的无线网络协议。ZigBee 标准是专门为大型网络的可扩展性和低功耗等目的提出的，能够满足传感器网络的各项基本要求。ZigBee 协议栈小于 32KB，小协议栈有利于降低对服务器性能和存储容量的要求，从而降低成本。

ZigBee 协议栈结构如图 6-1 所示。ZigBee 协议栈体系结构由一组被称为层的组块构成，包括应用层、应用汇聚层、网络层、MAC 层和 PHY 层。 ZigBee 联盟的

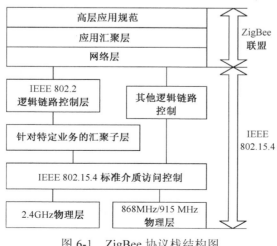

图 6-1 ZigBee 协议栈结构图

重点是规范协议栈的上层（从网络层到应用层）；IEEE 802.15.4 协议是用来规范 MAC 子层和 LRWPAN 的物理层；应用支撑层负责将不同的应用程序映射到 ZigBee 网络；网络层采用基于 Ad-hoc 的路由协议，它负责常见的网络层功能以及与 IEEE 802.15.4 标准相同的节电功能。

在 ZigBee 标准中，ZigBee 无线网络一般由协调器、路由器以及终端设备这 3 种设备组成。根据功能性的进行定义，IEEE 802.15.4 标准的 ZigBee 又包含有全功能设备（FFD，Full Functional Device）和精简功能设备（RFD，Reduced Function Device）两种物理设备。全功能设备是针对协调器和路由器的功能要求，而终端设备一般都是精简功能设备。

ZigBee 网络一般具有 3 种类型的拓扑结构：星形拓扑结构、树形拓扑结构及网状拓扑结构。在 ZigBee 网络中，至少需要一个全功能设备来进行全网络的协调；终端节点仅仅采用精简功能设备，这样可以减少成本。每个不同结构的拓扑网络都拥有一个唯一的个体局域网（PAN，Personal Area Network）标识符，这个标识符也被称为网络 ID，外部网络可以通过网络 ID 来识别对应网络。

当需要组建新的 ZigBee 网络时，协调器将对信道进行扫描以寻求一个空闲信道。空闲信道找到后，将选择一个 PAN 标识符作为自身网络 ID，并使用 16 位短地址的通信代码来激活网络设备之间的通信。

6.2.2　ZigBee 技术特点

（1）低速率：ZigBee 技术拥有 2.4GHz、915MHz 及 868MHz 三个工作频率，分别采用 250Kbit/s、40Kbit/s 和 20Kbit/s 的传输速率，满足低比特传输速率要求。

（2）低功耗：由于 ZigBee 的低传输速率低，同时还具有待机休眠模式，在低功耗待机休眠模式下，无线设备仅使用普通电池就可工作数月至数年的时间。低功耗是 ZigBee 技术的突出优势。

（3）短延时：ZigBee 具有更快的响应时间。ZigBee 仅需 15ms 的睡眠模式唤醒时间、30ms 的搜索设备时间以及 15ms 的接入网络时间。

（4）自组织：ZigBee 采用自组织方式，灵活地选择拓扑结构来形成一个网络。使用动态路由协议，可以确保数据的可靠传输。

（5）大规模：ZigBee 网络最多可以支持 65000 个节点，适合于复杂的智能网络应用结构。

（6）高安全性：ZigBee 提供了三级安全，没有安全设置，使用访问控制列表（ACL，Access Control List）或高级加密标准（AES-128，Advanced Encryption Standard）确保一个高层次的安全性。

表 6-1 为 ZigBee、Bluetooth、Wi-Fi 三种典型微功率无线通信技术的比较，从中可以看出 ZigBee 的特点与优势。结合 ZigBee 特点和本设计中对无线网络组网的要求，我们最终选用 ZigBee 作为无线传感器网络的通信标准。

表 6-1　典型的微功率无线通信技术比较

标准	802.15.1（Bluetooth）	802.11b（Wi-Fi）	802.15.4（ZigBee）
应用领域	替代有线	无线接入	固有频率
信息速率（Kbit/s）	1000～3000	11000+	20～250
双工方式	20（Class 2），100+（Class 1）	100+	20～70，100+（带功放）
信道间隔	7	32	25400
码片速率	42（Class 2），<150（Class 1）	300	30
基站同步	50+	70+	40+
调制方式	成本，效率	带宽，灵活性	功率消耗，成本

6.2.3　ZigBee 模块工作流程

物联网主节点 ZigBee 模块启动后的流程如图 6-2 所示。

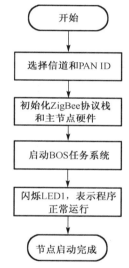

图 6-2　主节点 ZigBee 模块启动流程

当需要对主节点的 ZigBee 模块外设进行操作时，首先需要在程序初始化时对其进行设置，如串口、定时器、显示屏等，初始化完成后就可以在 BOS 任务系统中进行控制。程序运行过程中可以接收串口、定时器等外部硬件中断，同时监测按键等外设信息。下面将对这些外设的控制函数分别进行介绍。

6.2.4　ZigBee 模块串口通信的函数

标准串口操作文件包括：uart.c, uart.h、serial.c、serial.h、serialq.c、serialq.h，把这几个文件加入到用户的工程中，然后在主程序的代码头部 include 下面这些文件：

```
#include "serial.h"
#include "serialq.h"
#include "uart.h"
```

串口属性定义在 uart.c 文件里，用户可以根据自己的需求对属性进行相应的修改。如设置串口波特率为 9600：

```
#ifndef UART_BAUD_RATE
#define UART_BAUD_RATE        9600
#endif
```

在代码的初始化设备的函数里加入串口的初始化函数：

```
vSerial_Init( );
```

一般应该在(void) bBosRun(TRUE)的前面加入，这样用户就可以在代码的任何地方使用 vSerial_TxString( )函数来向串口输出信息了。该函数定义在 serial.c 文件中，在使用时注意其参数：

```
void  vSerial_TxString(const uint8 *ps)
```

用户也可以根据自己的需要直接修改 vSerial_TxString( )函数。

如果用户还需要在程序中从串口接收数据，那么就需要做如下的修改：

首先，把下面的代码加入 PUBLIC void JZA_vPeripheralEvent(uint32 u32Device, uint32 u32ItemBitmap)这个事件中，以便接收到串口中断。

```
if (u32Device == E_AHI_DEVICE_UART0)
{
/* If data has been received */
    if ((u32ItemBitmap & 0x000000FF) == E_AHI_UART_INT_RXDATA)
        {
        /* Process UART0 RX interrupt */
            cCharIn = ((u32ItemBitmap & 0x0000FF00) >> 8);
        }
        else if (u32ItemBitmap == E_AHI_UART_INT_TX)
    {
            vUART_TxCharISR();
    }
}
```

根据用户的具体的应用，需要对上面的代码做进一步的修改。

然后，为了不和 uart.c 中的中断处理函数冲突，用户还需要做下面的修改。把 uart.c 中 PUBLIC void vUART_Init(void)的下面这段代码注释掉，然后就可以使用串口接收到的数据了。

```
/* Register function that will handle UART interrupts */
// #if UART == E_AHI_UART_0
// vAHI_Uart0RegisterCallback(vUART_HandleUart0Interrupt);
// #else
// vAHI_Uart1RegisterCallback(vUART_HandleUart1Interrupt);
// #endif
```

之后根据串口的收发原理，用户就可以控制串口的收发了。

使用串口发送数据还有另外一个函数：vPrintf( )。该函数定义在 Printf.c 文件中，用户可以直接调用，也可以根据自己的需求对函数的参数等进行修改。

当需要使用该函数时先将 Printf.c、Printf.h 文件加入工程中，并在主程序的代码头部 include 中增加：

```
#include "printf.h"
```

然后在代码的初始化设备的函数里加入初始化函数（同样是在 (void) bBosRun (TRUE) 的前面）。

```
vUART_printInit();
```

该函数设置的串口的属性在 Printf.c 文件中的 vUART_Init 函数中。例如：

```
vAHI_UartSetClockDivisor(E_AHI_UART_0, E_AHI_UART_RATE_19200);
```

上面的函数的作用是将串口 1 的波特率设置为 19200。用户可以根据自己的需要将串口设置成不同的属性。

初始化完成后用户就可以在代码中使用 vPrintf 函数来向串口输出信息了。比如：

```
vPrintf("\r\nShortAddr = %x", ShortAddr);
```

6.2.5　定时器原理和基本函数

JN5139 有两个定时器：定时器 0 和定时器 1，如表 6-2 所示。定时器一般使用内部 16MHz 时钟源，但是在计数器模式下可以改变使用外部时钟源。在对定时器操作之前，必须先使能定时器，否则结果异常。

表 6-2　定时器使用固定的引脚定义

Timer 0 DIO	Timer 1 DIO	作用
8	11	Clock 或 gate 输入
9	12	Capture 输入
10	13	PWM 输出

对于 JN5139，使能时通过 vAHI_TimerDIOControl( ) 配置引脚，这些引脚不能当通用 IO 使用。

定时器使用的模式包括：定时器、PWM、计数器、捕获、增量总和。

在设置定时器时主要用到以下 3 个函数，下面对它们进行简要介绍。

（1）void vAHI_TimerEnable（uint8　　u8Timer,　　uint8　　u8Prescale,　　bool_t　bIntRiseEnable,

bool_t　bIntPeriodEnable,　bool_t　bOutputEnable）；

该函数配置和使能指定的定时器，必须在第一次使用定时器时调用。

每一个参数具体含义如下。

• u8Timer：定义使用的定时器，具体可用的值为 E_AHI_TIMER_0 和 E_AHI_TIMER_1，分别对应 Timer 0 和 Timer 1。

• u8Prescale：预分频因子，范围为 0 到 16。定时器被分频为 $2^{u8Prescale}$，即定时器的时钟频率等于系统时钟除以 $2^{u8Prescale}$。

• bIntRiseEnable：当该参数为 TRUE 时，定时器中断产生在上升沿。

• bIntPeriodEnable：当该参数为 TRUE 时，定时器中断产生在下降沿。

• bOutputEnable：当该参数为 TRUE 时，定时器工作在 PWM 或增益总和模式下，信号通过 PWM 输出口输出，相应的 DIO 不能再用于其他作用；当该参数为 FALSE 时，定时器工作在定时器模式。

该函数无返回值。

（2）vAHI_TimerClockSelect（uint8　　u8Timer,bool_t　　bExternalClock,　bool_t bGateControl）；

每一个参数具体含义如下。

• u8Timer：定义使用的定时器，具体可用的值为 E_AHI_TIMER_0 和 E_AHI_TIMER_1，分别对应 Timer 0 和 Timer 1。

• bExternalClock：当该参数为 TRUE 时，系统时钟使用外部时钟，为 FALSE 时使用内部的 16MHz 时钟。

• bGateControl：当该参数为 TRUE 时会在 gate 输入为高电平时选通输出脚，为 FALSE 时会在输入为低电平时选通输出脚。

该函数无返回值。

（3）vAHI_TimerStartRepeat（uint8　　u8Timer, uint16　　u16Hi, uint16　　u16Lo）；

每一个参数具体含义如下。

• u8Timer：定义使用的定时器，具体可用的值为 E_AHI_TIMER_0 和 E_AHI_TIMER_1，分别对应 Timer 0 和 Timer 1。

• u16Hi：该参数是指在启动定时器后输出信号变为高电平之前的时隙数。

• u16Lo：该参数是指在启动定时器后输出信号变为低电平之前的时隙数，也即定时器输出的一个周期的时隙。

该函数无返回值。

在演示实验中调用以上 3 个函数的参数设置如下：

```
vAHI_TimerEnable(E_AHI_TIMER_1, 10, FALSE, TRUE, FALSE);
vAHI_TimerClockSelect(E_AHI_TIMER_1, FALSE, TRUE);
vAHI_TimerStartRepeat(E_AHI_TIMER_1, 8000, 16000);
```

通过计算可知定时器中断的周期为 1s，用户可以根据自己的需要进行修改。

处理定时器中断的函数在 UBLIC void JZA_vPeripheralEvent（uint32 u32Device，uint32 u32ItemBitmap）中，将以下的代码加入函数中即可收到定时器中断信号（该代码针对的是 TIMER1）。

```
if (u32Device == E_AHI_DEVICE_TIMER1)
{
}
```

用户可以根据具体的需要在其中加入相应的代码，完成定时器中断溢出时的操作。

6.2.6　LED 的控制函数

LED 指示灯控制函数为 vLEDControl（ ）。该函数有两个控制参数，分别是 LED 编号和 LED 状态。主节点上的 LED 指示灯与编号的对应关系为：LED1～3，LED2～2，LED3～1，LED4～0；从节点为：LED1～1，LED2～0。LED 状态为 0 表示熄灭，1 表示点亮。

例如：主节点 LED2 熄灭，vLEDControl（2,0）；从节点 LED2 点亮，vLEDControl（0,1）。只要根据需要在代码相应的地方加入该函数即可。

从节点板上的 LED0 不能通过调用 vLEDControl 改变状态，它是通过 DIO 口的高低电平变换控制的。DIO 口的具体设置包括两步：首先，通过调用 vAHI_DioSetDirection（ ）函数设置输出口，然后调用 vAHI_DioSetOutput（ ）函数控制 LED0 的状态。例如：

```
vAHI_DioSetDirection(0,E_State_LED);
vAHI_DioSetOutput(E_State_LED,0);
```

上面的两行代码完成的工作是将 LED0 点亮，如需将其熄灭，则要将控制的代码改为：

```
vAHI_DioSetOutput(0,E_State_LED);
```

6.2.7　按键监控函数

按键的操作是通过 vCheckButtons（ ）函数实现的，在 vToggleLED（void *pvMsg，uint8 u8Dummy）函数中加入 vCheckButtons（ ）就可以达到监控按键事件的目的。

vCheckButtons（ ）函数的具体框架如下：

```
PRIVATE void vCheckButtons(void)
{
if (u8ButtonReadFfd() & E_KEY_0) //按键 4
{
}
if (u8ButtonReadFfd() & E_KEY_1) //按键 3
{
}
if (u8ButtonReadFfd() & E_KEY_2) //按键 2
{
}
if (u8ButtonReadFfd() & E_KEY_3) //按键 1
{
}
}
```

从此函数中，我们可以看到每个按键都有一个对应的入口，在此编写代码即可实现用户所需的功能。例如，当按下按键 2 时使 LED2 点亮，再按下时使 LED2 熄灭，代码修改如下：

```
if (u8ButtonReadFfd() & E_KEY_2) //按键 2
{
if (sflag/2!=1)
{
    sflag = 2;
    vLEDControl(2,1);
}
else
{
    sflag = 1;
    vLEDControl(2,0);
}
}
```

6.2.8　显示屏显示方法

所谓图片是指主节点显示屏显示出来的数据。图片的存贮形式是一个十六进制编码表的字符串数组，定义在 LCD.c 文件中。

主节点的液晶屏为 128×64 点阵，即若要全屏显示，需要填充 128×64 个点，用字模提取软件 yjzk.EXE 提取。

造字步骤如下：

(1)打开光盘内的 Software\字模提取软件\yjzk.EXE 字模提取软件,在参数设置的其他选项里选择纵向取模,字节倒序;在参数设置的文字输入区字体选择中可以选取显示的字体、大小等参数(一般所用的字体大小为 16×16 点阵,对应大小为 12)。

(2)在文字输入区输入要显示的字母或汉字、图形等。按 Ctrl+Enter 键,在取模方式里面选择 C51 格式,就会出现相应的字或图形所对应的十六进制显示。如"南"的十六进制 C51 编码为:

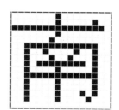

0x04,0x04,0xE4,0x24,0x24,0x64,0xB4,0x2F,0x24,0xA4,0x64,0x24,0x24,0xE6,0x04,0x00, 0x00,0x00,0x7F,0x04,0x05,0x05,0x05,0x7F,0x05,0x05,0x05,0x25,0x44,0x3F,0x00,0x00,

字模提取软件的第一字节为第一列的前 8 个点,且是从下往上看,依次类推其他字节。

(3)构造数组:数组由 1024 个字节组成(64×16),其中每 128 个字节代表液晶屏上 128×8 的点阵(纵向取模,字节倒序),我们一般所用的字体大小为 16×16 点阵,即用 32 个字节表示一个字,所以如果全部采用 16×16 点阵,所使用的液晶屏最多可以有 32 个字。以下图为例,这 32 个字如下分配:

南	京	东	大	移	动	技	术
		有	限	公	司		
电	话	: 0	25	84	45	58	01
传	真	: 0	25	84	45	12	06

该图片数组如下:

```
Unsigned char pic[ ]={
0x04,0x04,0xE4,0x24,0x24,0x64,0xB4,0x2F,0x24,0xA4,0x64,0x24,
0x24,0xE6,0x04,0x00,0x00,0x04,0x04,0xE4,0x24,0x24,0x25,0x26,
0x24,0x24,0x24,0xE4,0x06,0x04,0x00,0x00,0x04,0x04,0xC4,
0xB4,0x8C,0x87,0x84,0xF4,0x84,0x84,0x84,0x04,0x00,0x00,
0x20,0x20,0x20,0x20,0x20,0x20,0xA0,0x7F,0xA0,0x20,0x20,0x20,
0x20,0x20,0x20,0x00,0x10,0x92,0x72,0xFE,0x91,0x19,0x90,0x88,
0x44,0x53,0xA2,0x52,0x0A,0x06,0x00,0x00,0x20,0x24,0x24,0xE4,
0x24,0x24,0x24,0x20,0x00,0x10,0xFF,0x10,0x10,0xF0,0x00,0x00,
0x00,0x02,0x02,0x02,0xC2,0x3E,0x22,0x22,0x22,0x22,0xF2,0x22,
0x02,0x02,0x00,0x00,0x02,0xFE,0x92,0x92,0x92,0xFE,0x12,0x11,
```

```
0x12,0x1C,0xF0,0x18,0x17,0x12,0x10,0x00,0x00,0x00,0x7F,0x04,
0x05,0x05,0x05,0x7F,0x05,0x05,0x05,0x25,0x44,0x3F,0x00,0x00,
0x00,0x20,0x10,0x19,0x0D,0x41,0x81,0x7F,0x01,0x01,0x05,0x0D,
0x38,0x10,0x00,0x00,0x00,0x00,0x20,0x18,0x0E,0x04,0x20,0x40,
0xFF,0x00,0x02,0x04,0x18,0x30,0x00,0x00,0x00,0x80,0x40,0x20,
0x10,0x0C,0x03,0x00,0x01,0x06,0x08,0x30,0x60,0xC0,0x40,0x00,
0x02,0x01,0x00,0xFF,0x00,0x81,0x88,0x44,0x46,0x29,0x11,0x09,
0x05,0x03,0x01,0x00,0x08,0x1C,0x0B,0x08,0x0C,0x05,0x4E,0x24,
0x10,0x0C,0x03,0x20,0x40,0x3F,0x00,0x00,0x00,0x20,0x20,0x24,
0x2F,0x24,0x24,0x24,0x24,0x24,0x3F,0x20,0x20,0x20,0x20,0x00,
0x08,0x1F,0x08,0x08,0x04,0xFF,0x05,0x81,0x41,0x31,0x0F,0x11,
0x21,0xC1,0x41,0x00,0x00,0x00,0x00,0x00,0x00,0x00,0x00,0x00,
0x00,0x00,0x00,0x00,0x00,0x00,0x00,0x00,0x08,0x08,0x88,0xFF,
0x48,0x28,0x00,0xC8,0x48,0x48,0x7F,0x48,0xC8,0x48,0x08,0x00,
0x10,0x10,0x10,0x10,0x10,0x90,0x50,0xFF,0x50,0x90,0x12,0x14,
0x10,0x10,0x10,0x00,0x00,0x04,0x84,0x44,0xE4,0x34,0x2C,0x27,
0x24,0x24,0x24,0xE4,0x04,0x04,0x04,0x00,0xFE,0x02,0x32,0x4E,
0x82,0x00,0xFE,0x4A,0xCA,0x4A,0x4A,0x4A,0x7E,0x00,0x00,0x00,
0x00,0x00,0x80,0x40,0x30,0x0E,0x84,0x00,0x00,0x0E,0x10,0x60,
0xC0,0x80,0x80,0x00,0x00,0x10,0x92,0x92,0x92,0x92,0x92,0x92,
0x92,0x92,0x12,0x02,0x02,0xFE,0x00,0x00,0x00,0x00,0x00,0x00,
0x00,0x00,0x00,0x00,0x00,0x00,0x00,0x00,0x00,0x00,0x00,0x00,
0x00,0x00,0x00,0x00,0x00,0x00,0x00,0x00,0x00,0x00,0x00,0x00,
0x00,0x00,0x00,0x00,0x01,0x41,0x80,0x7F,0x00,0x40,0x40,0x20,
0x13,0x0C,0x0C,0x12,0x21,0x60,0x20,0x00,0x10,0x10,0x08,0x04,
0x02,0x01,0x00,0x7F,0x00,0x00,0x01,0x06,0x0C,0x18,0x08,0x00,
0x02,0x01,0x00,0x00,0xFF,0x09,0x09,0x09,0x29,0x49,0xC9,0x7F,
0x00,0x00,0x00,0x00,0xFF,0x00,0x02,0x04,0x03,0x00,0xFF,0x40,
0x20,0x03,0x0C,0x12,0x21,0x60,0x20,0x00,0x00,0x01,0x20,0x70,
0x28,0x24,0x23,0x31,0x10,0x10,0x14,0x78,0x30,0x01,0x00,0x00,
0x00,0x00,0x1F,0x04,0x04,0x04,0x04,0x04,0x04,0x0F,0x00,0x20,
0x40,0x3F,0x00,0x00,0x00,0x00,0x00,0x00,0x00,0x00,0x00,0x00,
0x00,0x00,0x00,0x00,0x00,0x00,0x00,0x00,0x00,0x00,0xF8,0x48,
0x48,0x48,0x48,0xFF,0x48,0x48,0x48,0x48,0xF8,0x00,0x00,0x00,
0x40,0x41,0x4E,0xC4,0x00,0x20,0x24,0x24,0x24,0x24,0xFC,0x22,
0x22,0x22,0x20,0x00,0x00,0x00,0x00,0xC0,0xC0,0x00,0x00,0x00,
0x00,0xE0,0x10,0x08,0x08,0x10,0xE0,0x00,0x00,0x70,0x08,0x08,
0x08,0x88,0x70,0x00,0x00,0xF8,0x08,0x88,0x88,0x08,0x08,0x00,
0x00,0x70,0x88,0x08,0x08,0x88,0x70,0x00,0x00,0x00,0xC0,0x20,
0x10,0xF8,0x00,0x00,0x00,0x00,0xC0,0x20,0x10,0xF8,0x00,0x00,
```

```
0x00,0xF8,0x08,0x88,0x88,0x08,0x08,0x00,0x00,0xF8,0x08,0x88,
0x88,0x08,0x08,0x00,0x00,0x70,0x88,0x08,0x08,0x88,0x70,0x00,
0x00,0xE0,0x10,0x08,0x08,0x10,0xE0,0x00,0x00,0x10,0x10,0xF8,
0x00,0x00,0x00,0x00,0x00,0x00,0x0F,0x04,0x04,0x04,0x04,0x3F,
0x44,0x44,0x44,0x44,0x4F,0x40,0x70,0x00,0x00,0x00,0x00,0x7F,
0x20,0x10,0x00,0x7E,0x22,0x22,0x23,0x22,0x22,0x7E,0x00,0x00,
0x00,0x00,0x00,0x30,0x30,0x00,0x00,0x00,0x00,0x0F,0x10,0x20,
0x20,0x10,0x0F,0x00,0x00,0x30,0x28,0x24,0x22,0x21,0x30,0x00,
0x00,0x19,0x21,0x20,0x20,0x11,0x0E,0x00,0x00,0x1C,0x22,0x21,
0x21,0x22,0x1C,0x00,0x00,0x07,0x04,0x24,0x24,0x3F,0x24,0x00,
0x00,0x07,0x04,0x24,0x24,0x3F,0x24,0x00,0x00,0x19,0x21,0x20,
0x20,0x11,0x0E,0x00,0x00,0x19,0x21,0x20,0x20,0x11,0x0E,0x00,
0x00,0x1C,0x22,0x21,0x21,0x22,0x1C,0x00,0x00,0x0F,0x10,0x20,
0x20,0x10,0x0F,0x00,0x00,0x20,0x20,0x3F,0x20,0x20,0x00,0x00,
0x40,0x20,0xF8,0x07,0x42,0x44,0x44,0x44,0xF4,0x4F,0x44,0x44,
0x46,0x64,0x40,0x00,0x00,0x04,0x04,0x04,0xF4,0x54,0x5C,0x57,
0x54,0x54,0x54,0xF4,0x04,0x06,0x04,0x00,0x00,0x00,0x00,0xC0,
0xC0,0x00,0x00,0x00,0x00,0xE0,0x10,0x08,0x08,0x10,0xE0,0x00,
0x00,0x70,0x08,0x08,0x08,0x88,0x70,0x00,0x00,0xF8,0x08,0x88,
0x88,0x08,0x08,0x00,0x00,0x70,0x88,0x08,0x08,0x88,0x70,0x00,
0x00,0x00,0xC0,0x20,0x10,0xF8,0x00,0x00,0x00,0x00,0xC0,0x20,
0x10,0xF8,0x00,0x00,0x00,0xF8,0x08,0x88,0x88,0x08,0x08,0x00,
0x00,0x10,0x10,0xF8,0x00,0x00,0x00,0x00,0x00,0x70,0x08,0x08,
0x08,0x88,0x70,0x00,0x00,0xE0,0x10,0x08,0x08,0x10,0xE0,0x00,
0x00,0xE0,0x10,0x88,0x88,0x18,0x00,0x00,0x00,0x00,0x7F,0x00,
0x00,0x00,0x02,0x0B,0x12,0x22,0x52,0x0A,0x07,0x02,0x00,0x00,
0x10,0x90,0x90,0x50,0x5F,0x35,0x15,0x15,0x15,0x35,0x55,0x5F,
0x90,0x90,0x10,0x00,0x00,0x00,0x00,0x30,0x30,0x00,0x00,0x00,
0x00,0x0F,0x10,0x20,0x20,0x10,0x0F,0x00,0x00,0x30,0x28,0x24,
0x22,0x21,0x30,0x00,0x00,0x19,0x21,0x20,0x20,0x11,0x0E,0x00,
0x00,0x1C,0x22,0x21,0x21,0x22,0x1C,0x00,0x00,0x07,0x04,0x24,
0x24,0x3F,0x24,0x00,0x00,0x07,0x04,0x24,0x24,0x3F,0x24,0x00,
0x00,0x19,0x21,0x20,0x20,0x11,0x0E,0x00,0x00,0x20,0x20,0x3F,
0x20,0x20,0x00,0x00,0x00,0x30,0x28,0x24,0x22,0x21,0x30,0x00,
0x00,0x0F,0x10,0x20,0x20,0x10,0x0F,0x00,0x00,0x0F,0x11,0x20,
0x20,0x11,0x0E,0x00,
};
```

(4) 构造指定位置上的一个字的方法，如下：

若在 128×64 点阵中将 "南" 放在上述图形中的第一行第一列(4 行 8 列)，则字模提取软件中所输出的 32 个字节中的前 16 个字节应放在数组的 0～15 位，后 16 个字节放在数组的 128～144 位。同理计算其他字的位置。图片创建完成后，调用 Display_Picture(pic)函数即可显示图片了。

如要改变一幅图片中的某一个或几个字时，只需将要加入的字的编码输入到数组的相应位置即可。

下面简要介绍一下 Make_Picture( )函数，该函数实现的功能是将数字加入到显示屏的指定位置显示。

```
Make_Picture(unsigned short number, unsigned char picture[],
unsigned short column1, unsigned short column2)
```

每一个参数具体含义如下。
- Number：需要加入的数字。
- Picture：显示屏要显示的图片的数据数组。
- column1：待加入的数字的第 1 个十六进制码在数组中的位置下标。
- column2：待加入的数字的第 17 个(第 2 行第 1 个)十六进制码在数组中的位置下标。

计算好 column1 和 column2 两个参数后，调用这个函数就可以修改将要显示的图片。用户可以参考该函数编写适合需要的修改显示屏图片的函数。

6.3　实验设备与软件环境

硬件：物联网主节点一个，PC 1 台，要求 Pentium III800MHz、内存 256MB 以上，至少支持 1024×768 分辨率的显示器，串口线(1 公 1 母线)1 条，5V 电源 1 个。(注：如果 PC 没有串口可用 USB 转串口线增加一个串口。)

软件：Windows 98 以上操作系统，SEMIT 物联网实验开发平台配套软件。

6.4　实验内容与步骤

6.4.1　实验程序烧写

将物联网主节点的串口 1 与计算机的串口相连，打开烧写开关，运行 Jennic Flash Programmer 软件，主节点接 5V 电源，将安装目录下的"实验三"中的"烧写程序"烧写进去。烧写成功后关闭电源，关闭烧写开关。

6.4.2　实验设置

重新启动主节点，单击"开始"菜单选择文件夹 Semit "物联网实验平台软件

ZigBee 模块外设实验"中的 COMWatch 程序，在串口设置中选择合适的串口，选择
波特率为 9600，单击"打开串口"按钮。

6.4.3　串口实验

在操作菜单下选择串口实验或直接单击"串口实验"按钮，在数据接收框中可
以看到主节点发送过来的"Hello World"字符串，如图 6-3 所示。实验结束后单击
"结束实验"按钮即可进行其他实验。

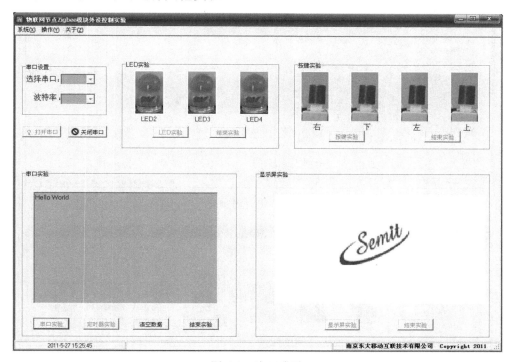

图 6-3　串口实验

6.4.4　定时器实验

在操作菜单下选择定时器实验或直接单击"定时器实验"按钮，在"串口实验"
窗口中可以看到主节点发送过来的定时器中断溢出信号，周期为 1s，如图 6-4 所示。
实验结束后单击"结束实验"按钮即可进行其他实验。

6.4.5　LED 实验

在操作菜单下选择 LED 实验或直接单击 LED 实验按钮，可以看到主节点上
的 LED2～LED4 循环点亮，PC 上 LED 灯示意图也同步变化，时间周期为 1s，
如图 6-5 所示。实验结束后单击结束实验按钮即可进行其他实验。

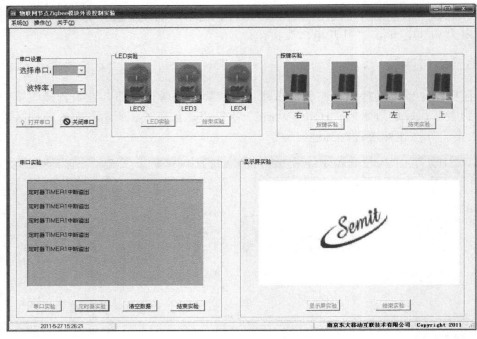

图 6-4　定时器实验

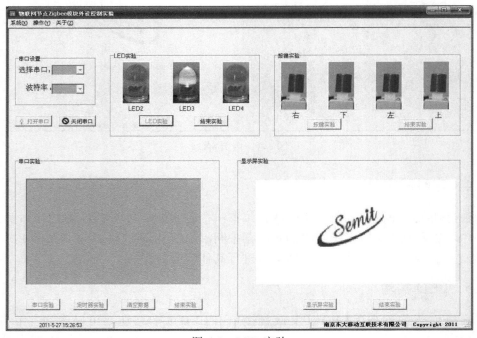

图 6-5　LED 实验

6.4.6　按键实验

在操作菜单下选择"按键实验"或直接单击"按键实验"按钮，按下主节点上的按键，PC 上相应按键处会有同步示意，如图 6-6 所示。实验结束后单击"结束实验"按钮即可进行其他实验。

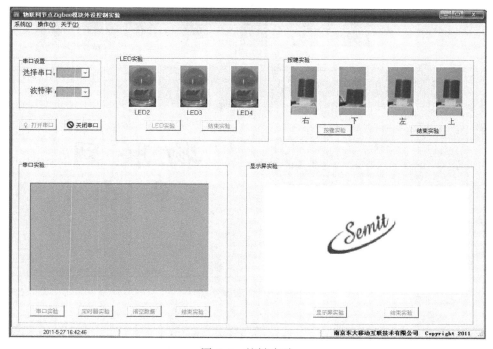

图 6-6　按键实验

6.4.7　显示屏实验

在操作菜单下选择"显示屏实验"或直接单击"显示屏实验"按钮，主节点上的显示屏会循环显示"南京东大移动互联"、"物联网平台"、"控制器节点"文字，同时 PC 上会有相应显示，时间周期为 1s，如图 6-7 所示。实验结束后单击"结束实验"按钮即可进行其他实验。

6.5　预　习　要　求

（1）了解 ZigBee 模块芯片的 UART 的使用方法。
（2）了解常用的串行通信控制器。
（3）了解 ZigBee 模块芯片的定时器工作机制和使用方法。

(4) 了解 ZigBee 模块芯片 LED 和按键的控制函数。

(5) 了解显示屏显示图片的方法和提取文字的十六进制 C51 编码的过程。

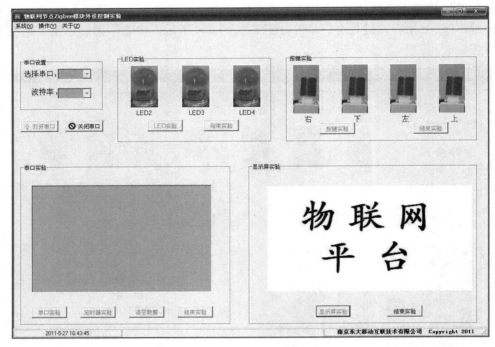

图 6-7　显示屏实验

6.6　实验报告要求

(1) 编写程序启动定时器，在显示屏上循环显示姓名和学号。

(2) 回答思考题。

6.7　思　考　题

(1) 比较常用的几种串口读写方式。

(2) 简述定时器的常用工作模式和各自的特点。

第7章 基于物联网的数据无线收发及远程控制实验

7.1 引 言

本实验由学生完成物联网主从节点点对点无线数据收发及主节点通过广播控制从节点进行相应操作的过程。通过对物联网主从节点间进行无线数据传输的源代码的剖析，以及在上位机中观察收发端数据的显示，使学生了解通过物联网主从节点上的 ZigBee 模块进行无线数据传输的机制及软件实现方法，以便于进行后续的综合实验和开发工作。

7.2 工 作 原 理

7.2.1 ZigBee 协议的消息格式及帧格式

一个 ZigBee 消息由 127 个字节组成，它主要包括以下几个部分。

（1）MAC 报头：该报头包含当前被传输消息的源地址及目的地址。若消息被路由，则该地址有可能不是实际地址，产生及使用该报头对于应用代码是透明的。

（2）NWK 报头：该报头包含了消息的实际源地址及最终的目的地址，该报头的产生及使用对于应用代码是透明的。

（3）APS 报头：该报头包含了配置 ID、簇 ID 及当前消息的目的终端。同样，报头的产生及使用是透明的。

（4）APS 有效载荷：该域包含了待应用层处理的 ZigBee 协议帧。

（5）ZigBee 协议帧格式：ZigBee 协议定义了两种帧格式，KVP 关键值对及 MSG 消息帧。

（6）KVP：是 ZigBee 规范定义的特殊数据传输机制，通过一种规定来标准化数据传输格式和内容，主要用于传输较简单的变量值格式。

（7）MSG：是 ZigBee 规范定义的特殊数据传输机制，其在数据传输格式和内容上并不作更多规定，主要用于专用的数据流或文件数据等数据量较大的传输机制。

KVP 帧是专用的比较规范的信息格式，采用键值对的形式，按一种规定的格式进行数据传输。通常用于传输一个简单的属性变量值；而 MSG 帧还没有一个具体格式上的规定，通常用于多信息、复杂信息的传输。KVP、MSG 是通信中的两种数据格式。如果将帧比作一封邮件，那么信封、邮票、地址人名等信息都是帧头、帧尾，里面的信件内容就是特定的数据格式 KVP 或 MSG。根据具体应用的配置文件（Profile），KVP 一般用于简单属性数据，MSG 用于较复杂的，数据量较大信息。

7.2.2　寻址及寻址方式

1. ZigBee 协议中的两类地址

ZigBee 网络协议的每一个节点皆有两个地址：64 位的 IEEE MAC 地址（MAC Address）及 16 位网络地址（Short Address）。每一个使用 ZigBee 协议通信的设备都有一个全球唯一的 64 位 MAC 地址，该地址由 24 位 OUI 与 40 位厂家分配地址组成，OUI 可通过购买由 IEEE 分配得到。由于所有的 OUI 皆由 IEEE 指定，因此 64 位 IEEE MAC 地址具有全球唯一性。

当设备执行加入网络操作时，它们会使用自己的扩展地址进行通信。成功加入 ZigBee 网络后，网络会为设备分配一个 16 位的网络地址。由此，设备便可使用该地址与网络中的其他设备进行通信。

2. ZigBee 协议中的两类寻址方式

（1）单播：当单播一个消息时，数据包的 MAC 报头中应含有目的节点的地址，只有知道了接收设备的地址，消息才可以单播方式进行发送。

（2）广播：要想通过广播来发送消息，应将信息包 MAC 报头中的目的地址域置为 0xFF。此时，所有射频收发使能的终端皆可接收到该信息。

该寻址方式可用于加入一个网络、查找路由及执行 ZigBee 协议的其他查找功能。ZigBee 协议对广播信息包实现一种被动应答模式，即当一个设备产生或转发一个广播信息包时，它将侦听所有邻居的转发情况。如果所有的邻居都没有在应答时限内复制数据包，设备将重复转发信息包，直到它侦听到该信息包已被所有邻居转发或广播传输时间被耗尽为止。

7.2.3　主从节点无线传输数据的机制

当网络中出现了 PAN Co-ordinator 和至少一个 End Device 后，网络就可以进行数据传输了，数据传输的过程如下所述。

1. Co-ordinator 向 End Device 传输数据

有两种方法可以实现 Co-ordinator 向 End Device 传输数据。

（1）直接传输。PAN Co-ordinator 可以将数据直接发送给 End Device。End Device 接收到数据后可以发送确认消息给 Co-ordinator。这种数据传输方式就要求 End Device 随时都处于数据接收的状态，也就是要求其随时都要处于唤醒的状态。该数据传输方式如图 7-1 所示。

（2）间接传输。另外一种传输方式就是 Co-ordinator，可以将数据保存起来等待 End Device 请求读取数据。采用这种方式，End Device 为了获得数据必须先要发送数据请求。发送数据请求后，Co-ordinator 就会判断是否有需要发送给这个设备的数据，如果有就发送相应的数据给 End Device。接到数据的设备将发送确认信息。这一方式适用于 End Device 设备需要较低功耗的情况，该数据传输方式如图 7-2 所示。

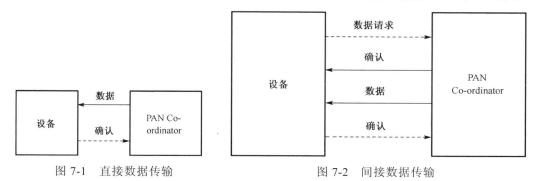

图 7-1　直接数据传输　　　　　　　　图 7-2　间接数据传输

2. End Device 向 Co-ordinator 传输数据

End Device 向 PAN Co-ordinator 传输数据也可以分为直接传输和间接传输。具体方式如图 7-3、图 7-4 所示。

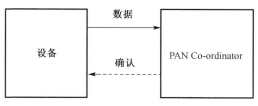

图 7-3　直接数据传输

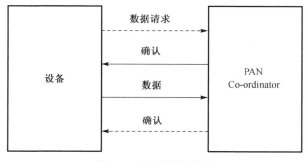

图 7-4　间接数据传输

7.2.4　物联网主从节点无线数据收发软件程序

1. 无线数据收发基本形式

本实验中主节点向从节点发送数据采用的是直接传输的形式，从节点向主节点传输采用的是间接传输的形式。

具体过程是：主节点先建立网络，从节点上电后发送加入申请，向主节点发送自己的 MAC 地址和父节点的 MAC 地址；主节点在收到新加入的从节点的信息后会向上位机打印出从节点的地址，并发回确认信息；从节点在收到确认信息后，就开始准备周期性发送传感器采样到的数据，或者将串口接收到的数据发送给主节点；主节点在接收到数据后一方面向上位机打印，一方面再次发回确认信号，点亮从节点上的 LED2，至此完成了一次点对点数据的收发。另外主节点也可以广播形式向从节点直接发送指令，从节点在收到指令后，对外设(即 LED 和马达)进行相应的操作。

收发过程的软件实现过程及代码中的具体函数如图 7-5 所示。

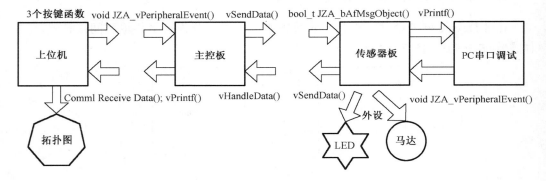

图 7-5　物联网主从节点无线数据收发

2. 无线数据收发代码中的基本函数

1) PUBLIC void JZA_vPeripheralEvent

这个函数主要用来处理外部的硬件中断，我们在用上位机通过串口对主节点发指令时就是调用的这个函数。如：

```
PUBLIC void JZA_vPeripheralEvent(uint32 u32Device, uint32 u32ItemBitmap)
{
    if (u32Device == E_AHI_DEVICE_UART0)
    {
```

```
    /* If data has been received */
    if ((u32ItemBitmap & 0x000000FF) == E_AHI_UART_INT_RXDATA)
    {
        /* Process UART0 RX interrupt */
        cCharIn = ((u32ItemBitmap & 0x0000FF00) >> 8);
    }
    else if (u32ItemBitmap == E_AHI_UART_INT_TX)
    {
        vUART_TxCharISR();
    }
    }
}
```

上面这段代码检测 UART 0 的事件并完成相应的串口传输。

2）PUBLIC void JZA_vZdpResponse

收到 ZDP 回应的时候协议栈调用的函数。这个函数用来接收所发送的 ZDP 请求的回应，比如说 Binding 或者 Match Desciptor 的请求。

3）PUBLIC uint8 JZA_u8AfMsgObject

收到 MsgObject 调用的函数。用于用户程序接收处理其他节点发送来的 MSG 数据。当远程节点发送数据的时候可以选择是发送 KVP 数据，还是 MSG 数据。从某种程度上看这两种发送方式没有什么本质的不同，在接收端的处理方式上就是用不同的函数来接收。

4）PUBLIC void JZA_vAfKvpResponse

收到 KVP 回应的时候调用的函数。这个函数用来接收发送的 KVP 包的回应，这一回应由远程节点发出。通常这个函数用来判断和远程节点通信是否通畅。

5）PUBLIC AF_ERROR_CODE JZA_eAfKvpObject

收到 KvpObject 的时候调用的函数。

6）PUBLIC void vPrintf

串口输出函数。该函数用来把实验板上的数据输出到 PC 上，可用串口调试助手观看数据。本实验我们用该函数把主从节点接收到的数据通过串口上传到 PC 上，在上位机软件中观察接收到的数据。

7）PUBLIC bool_t JZA_bAfMsgObject

接收节点发送来的数据并处理的函数。本实验中，该函数用于从节点程序中接收主节点传来的确认信息和指令，根据指令作相应的操作。

```
void afdeDataRequest(APS_Addrmode_e eAddrMode,
                uint16 u16AddrDst,
                    int8 u8DstEP,
```

```
                              uint8 u8SrcEP,
                              uint16 u16ProfileId,
                              uint8 u8ClusterId,
                              AF_Frametype_e eFrameType,
                              uint8 u8TransCount,
                              AF_Transaction_s *pauTransactions,
                              uint8 *pauAfdu
                              APS_TxOptions_e u8txOptions,
                              NWK_DiscoverRoute_e eDiscoverRoute,
                              uint8 u8RadiusCounter);
```

这个函数用来向网络层发出数据发送的请求。每一个参数的具体含义如下：

• eAddrMode：这个参数表示数据要发送的目标地址模式，它是一个 APS_Addrmode_e 类型的数据。

• u16AddrDst：发送目标的短地址。

• u8DstEP：　　目标设备的端口号，范围是 0x01 到 0xF0。

• u8SrcEP：　　源设备的端口号，范围是 0x01 到 0xF0。

• U16Profileid：所采用的 profile ID。

• U8ClusterId：所采用的 cluster ID。

• eFrameType：使用的数据帧类型，0x01=KVP 0x02=MSG。

• u8TransCount：本次请求发送的数据事务的数量。目前的理解数据请求一次可以发送多个数据包，这个参数就表示了数据包的数量，不过通常在应用中只发送一个，所以这个参数通常就是 1。

• *pauTransactions：这个参数是一个 AF_Transaction_s 类型数据的数组，其中每一个数据都描述了每个数据包的一些信息。

*pauAfdu：所发送的数据区；

• u8txOptions：发送模式。可以选择下面的值，并且下面的值可以用 or 的方式联合采用。

APS_TXOPTION_NONE（0x00）没有任何选项。

SECURITY_ENABLE_TRANSMISSION（0x01）使用安全传输。

USE_NWK_KEY（0x02）使用网络键。

ACKNOWLEDGED_TRANSMISSION（0x03）采用确认传输模式。

• u8DiscoverRoute：设定所采用的路由发现模式。发现模式如下。

SUPPRESS_ROUTE_DISCOVERY（0x00）使用强制路由发现模式。采用这种模式如果路由表已经建立，那么数据将使用现有的路由表路由；如果路由表没有建立，那么数据将沿着树状路径路由。

ENABLE_ROUTE_DISCOVERY（0x01）路由发现使能。采用这种模式，如果

路由表已经建立，那么数据将使用现有路由；如果路由表没有建立，那么此次数据发送请求将引发路由探索动作。

FORCE_ROUTE_DISCOVERY（0x02）。这一模式将明确的引发路由探索操作，路由表将重新的建立。

・u8RadiusCounter：数据发送的深度，也就是数据包所发送的转发次数限制，如果设置为 0，那么协议栈将采用 2 倍的 MaxDepth。

8）PRIVATE void vSendData

在从节点程序中，这个函数的作用是把从节点读到的数据发送给主节点。该函数构建了相应的数据包，并向协议栈发送了相应的数据发送请求，将从节点读到的数据发送到主节点。在主节点程序中，是把主节点读到的数据发送给从节点；若是点对点通信，即单播，则入口参数之一为某从节点的短地址；若是点对多点，即主节点广播指令，则入口参数之一为 0xffff。这个函数在最后调用了 afdeDataRequest 函数。

9）PRIVATE void vHandleData

该函数在主节点程序用于处理从节点接收到而存储在缓冲队列中的数据，根据接收到的数据头，主节点将判断从节点发来的是什么信息，然后做相应的处理。

7.3 实验设备与软件环境

硬件：物联网主节点 1 个、物联网从节点 3 个、PC 一台(要求有两个串口)、串口电缆线(公母)两根、5V 电源 1 个。（注：如果 PC 只有一个串口可用 USB 转串口线增加一个串口）。

软件：CodeBlocks 软件开发平台及其配套软件，Jennic Flash Programmer 烧写程序，SEMIT 物联网实验开发平台配套软件。

7.4 实验内容与步骤

7.4.1 实验启动

将物联网主节点与从节点分别与 PC 相连，将已编译好的主节点程序和从节点程序按烧写步骤分别烧入主节点和从节点中(事先应根据实验组别在 WSN_Profile.h 中设定好不同的信道号或者 PAN_ID 号)。将主节点用串口线与 PC 相连，关闭烧写开关。打开物联网实验开发平台配套软件，如图 7-6 所示。

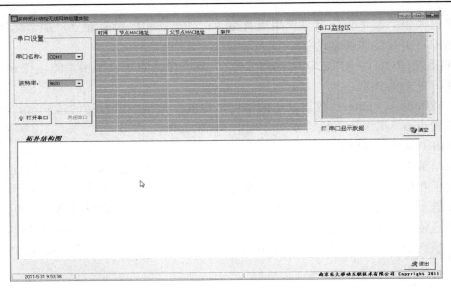

图 7-6　实验启动界面

7.4.2　串口设置

在串口设置中根据与 PC 连接的串口编号选择串口，波特率选择为 19200，选择完后单击"打开串口"（若串口未正确选择，此时会弹出警告对话框，关闭后重新选择），进而选择"串口显示数据"，如图 7-7 所示。

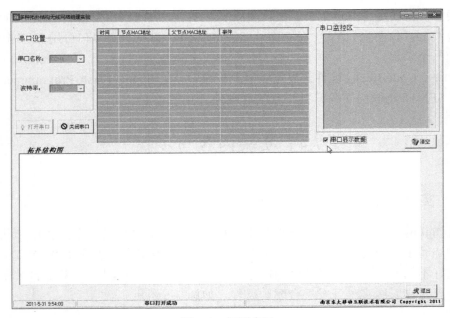

图 7-7　打开串口

7.4.3　启动主节点

将主节点的开关按钮拨到"开"（若没有反应，则需按下复位键），实验软件会在表格中显示主节点连入的时间、主节点的 MAC 地址，同时在"事件"一栏中显示"主节点已创建，等待子节点加入"，串口监控区中会显示主节点的短地址、MAC 地址，以及决定网络拓扑结构的允许的最大子节点数(MAXCHILDREN)、允许的最大路由节点数(MAXROUTER)、允许的最大网络深度(MAXDEPTH)3 个参数，在下面的图形显示区会显示出一个主节点图样，当鼠标靠近时会显示它的 MAC 地址，表明此时物联网主节点已完成网络建立过程，等待从节点的加入，如图 7-8 所示。

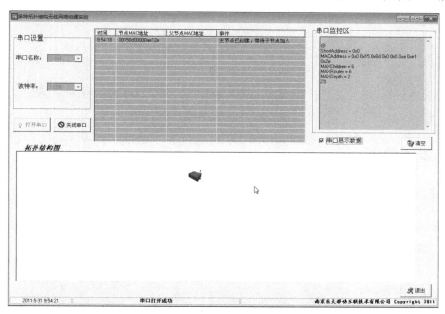

图 7-8　主节点启动

7.4.4　加入从节点

将从节点的电池盒电源打开，将开关按钮拨到"开"，上位机会继续在表格中显示该从节点的连入时间、MAC 地址、父节点的 MAC 地址(此时即为主节点 MAC 地址)，并在事件一栏中显示"子节点已加入，请发送数据"；串口监控区中会显示该从节点的短地址、MAC 地址；在图形显示区中会显示新加入的从节点并将其与父节点(此时即为主节点)用直线连接，当鼠标靠近时会显示它的 MAC 地址用以区分(MAC 地址是固定唯一的)，表明有一个从节点已加入网络，如图 7-9 所示。

此时将该从节点也用串口线与 PC 相连，打开第二个物联网实验开发平台配套软件页面，选择与从节点相连的串口名称，波特率选为 9600。

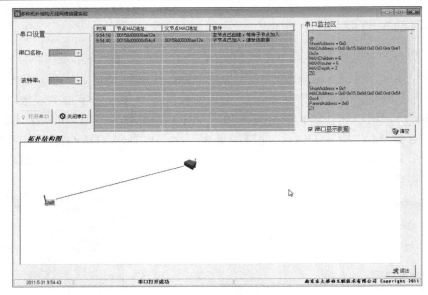

图 7-9   加入一个从节点

7.4.5   发送数据

在与主节点串口相连的实验软件页面中单击"发送"按钮，在与从节点串口相连的软件页面的串口监控区中可以看到"Welcome to Semit!"的字样，表明从节点接收到了主节点的数据并将其在实验软件中显示出来，如图 7-10 所示。

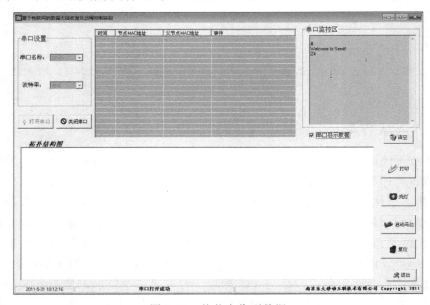

图 7-10   从节点收到数据

同理，在与从节点串口相连的软件页面中单击"发送"按钮，在与主节点串口相连的软件页面的串口监控区中可以看到"Welcome to Semit!"的字样，表明主节点接收到了从节点的数据，并在实验软件上显示出来，如图 7-11 所示。

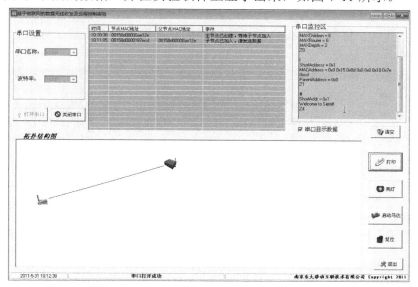

图 7-11 主节点收到数据

在主从节点端多次单击"发送"按钮，会分别在对应端作多次显示。

再将其他从节点接入网络中，在与主节点串口相连的实验软件页面中会依次显示相应的信息，并在图形显示区中显示网络拓扑图，如图 7-12 所示。

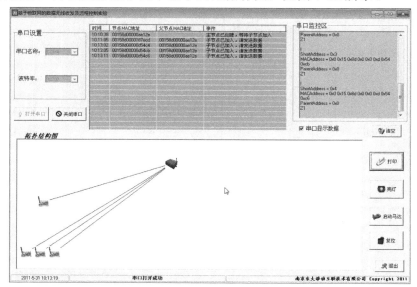

图 7-12 加入多个从节点

7.4.6　主节点指令广播

依次单击在与主节点串口相连的实验软件页面中的"亮灯"按钮、"启动马达"按钮，会看到连入网络中的从节点同时将自己板子上的 LED0 点亮，然后启动蜂鸣器。表明主节点已将指令广播给各从节点，从节点收到指令后做了相应的操作，如图 7-13、图 7-14 所示。

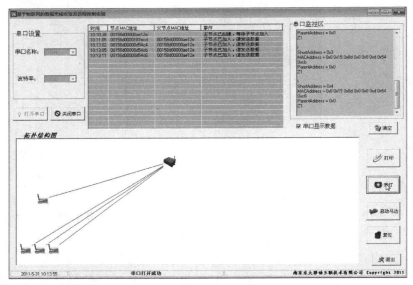

图 7-13　亮灯

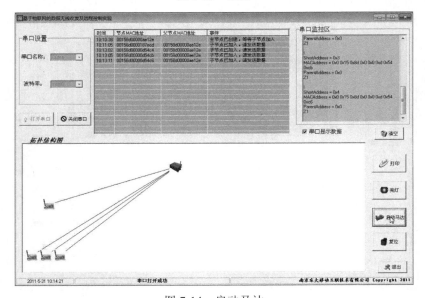

图 7-14　启动马达

此时再单击与主节点串口相连的实验软件页面中的"复位"按钮,会看到连入网络中的从节点会同时将自己板子上的 LED0 熄灭,并关闭蜂鸣器,如图 7-15 所示。重复上述步骤,现象会重复出现。

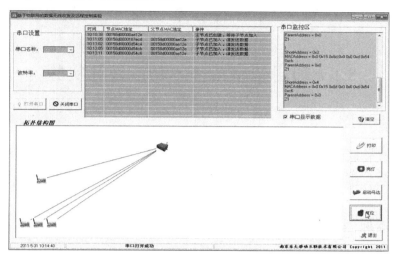

图 7-15　复位

7.5　预　习　要　求

(1) 了解 ZigBee 的消息格式和帧格式。

(2) 了解 ZigBee 模块节点之间无线数据收发的基本形式和寻址方式。

(3) 熟悉 CodeBlocks 软件开发平台及其配套软件、Jennic Flash Programmer 烧写程序等。

(4) 了解物联网主从节点无线数据传输、处理的程序代码。

7.6　实验报告要求

(1) 嵌入式软件程序代码中数据收发、控制指令传输等关键部分。

(2) 回答思考题。

7.7　思　考　题

(1) 比较点对点(单播)和点对多点数据传输形式的区别和要点。

(2) 若在广播形式,即有多个从节点加入的情况下,从其中某个从节点向主节点发数据将会出现什么问题?应如何处理?

第8章　传感器基本功能及其实验

8.1　通用传感器基本功能及其实验

8.1.1　引言

本实验使物联网用户熟悉从节点定时采集板载的温度、湿度、光强等传感器实时数据并上传至主节点的过程，并通过配套实验软件的图形化显示观察各种实时数据的变化。

8.1.2　基本原理

1.　传感器技术简介

除了控制单元和射频模块，物联网节点的另一个核心模块就是传感器模块。传感器是一种物理装置或生物器官，能够探测、感受外界的信号、物理条件(如光、热、湿度)或化学组成(如烟雾)，并将探知的信息传递给其他装置或器官。它是节点感知目标事物的工具，是节点信息的来源。选择合适的传感器对于整个系统的运行质量和准确性尤为重要。

传感器也称为换能器、变换器、变送器、探测器等。根据中华人民共和国国家标准(**GB 7665-87**)，传感器的定义是：能够感受规定的被测量并按照一定的规律转换成可用输出信号的器件或装置，由敏感元件、转换元件、测量电路 3 部分组成，有时还需外加辅助电源，如图 8-1 所示。

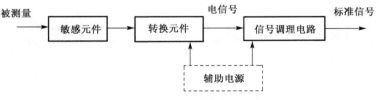

图 8-1　传感器组成框图

其中，敏感元件是指传感器中能直接感受或响应被测量，并输出与被测量成确定关系的其他量(一般为非电量)部分，如应变式压力传感器的弹性膜片就是敏感元件，它将被测压力转换成弹性膜片的变形；转换元件是指传感器中能将敏感元件中感受或响应的被测量转换成适合传输或测量的可用输出信号(一般为电信号)部分，如应变式压力传感器中的应变片就是转换元件，它将弹性膜片在压力作用下的变形转换成应变片电阻值的变化。如果敏感元件直接输出电信号，则这种敏感元件同时兼为转换元件，如热电偶将温度变化直接转换成热电势输出。

由于传感器输出的电信号一般比较微弱，而且存在非线性和各种误差，为了便于信号的处理，传感器还应需配以适当的信号调理电路，将传感器输出电信号转换成便于传输、处理、显示、记录和控制的有用信号。常用的电路有电桥、放大器、振荡器、阻抗变换、补偿等。如果传感器信号经信号调理后的输出信号为规定的标准信号(0～10mA，4～20mA；0～5V，0～10V…)时，通常称为变送器，如热电偶温度变送器可将热电偶的热电势放大、线性矫正和冷端补偿后输出需要的标准信号。特别是两线制电流型的变送器，以 20mA 表示信号的满度值，而以此满度值的 20% 即 4mA 表示零信号。这种"活零点"的安排，有利于识别仪表断电、断线等故障，应用更广泛。

传感器的种类繁多，原理各异，检测对象几乎涉及各种参数，通常一种传感器可以检测多种参数，一种参数又可以用多种传感器测量。所以传感器的分类方法至今尚无统一规定。

常见的有以下几种分类方式：

(1)按传感器的检测信息来分可分为光敏、热敏、力敏、磁敏、气敏、湿敏、压敏、离子敏和射线敏等传感器。

(2)按转换原理可分为物理传感器、化学传感器和生物传感器等。

(3)按其输出信号可分为模拟传感器、数字传感器和开关转换器等。

(4)按传感器使用的材料可分为半导体传感器、陶瓷传感器、复合材料传感器、金属材料传感器、高分子材料传感器、超导材料传感器、光纤材料传感器、纳米材料传感器等。

(5)按能量转换可分为能量转换型传感器和能量控制型传感器。

(6)按照其制造工艺可分为集成传感器、薄膜传感器、厚膜传感器、陶瓷传感器等。

随着现代科技技术的高速发展，人们生活水平的迅速提高，传感器技术越来越受到普遍的重视，它的应用已渗透到国民经济的各个领域，例如传感器可用于工业生产过程的测量与控制、汽车电控系统、现代医学领域、环境监测、军用电子系统、家用电器、科学研究以及智能建筑等。传感器与多学科交叉融合，推动了无线传感器网络的发展。无线传感器网络是由大量具有无线通信与计算能力的微小传感器节点构成的自组织分布式网络系统，利用微传感器与微机械、通信、自动控制、人工智能等多学科的综合技术，实现传感器的无线网络化，使其能根据环境自主完成指定任务。

2. 网络建立过程

本实验所使用的传感器是 ZigBee 模块自带的板载通用传感器，可以对温度、湿度以及光强等信号就行检测，并通过接口传送给上位机。如图 8-2 所示为实现传感器数据传输的流程图。

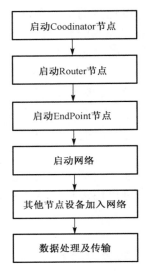

图 8-2　传感器数据传输流程图

首先是 ZigBee 节点的初始化函数 PUBLIC void AppColdStart，任何类型的节点开始工作都需要调用这个函数，并且所有类型的节点（包括 Coordinator 节点、Router 节点、EndPoint 节点）都是用这个相同的函数来初始化 Zigbee 设备。

各个节点初始化以后，就启动网络，网络启动的时候调用 PUBLIC void JZA_vStackEvent 这个函数，且每一个 Coordinator 有一个唯一固定的 64 位 IEEE MAC 地址，但是组网的时候作为网络标识，同时为了使网络的通信更加高效，还必须分给自己一个 16 位的网络地址，通常叫做短地址，作为簇首，同时给其他加入网络的节点分配 16 位短地址。

3. 传感器数据的传输

Coordinator 建立网络后，Router 上电后发送加入申请，向 Coordinator 发送自己的 MAC 地址和父节点的 MAC 地址，Coordinator 在收到新加入的 Router 的信息后会向上位机打印出 Router 的地址，并发回确认信息。Router 在收到确认信息后，就开始准备周期性发送传感器采样到的数据，Coordinator 在接收到数据后一方面向上位机打印，一方面再次发回确认信号，点亮 Router 上的 LED2，至此完成了一次点对点数据的收发。传感器数据传输的软件实现过程及代码中的具体函数如图 8-3 所示。

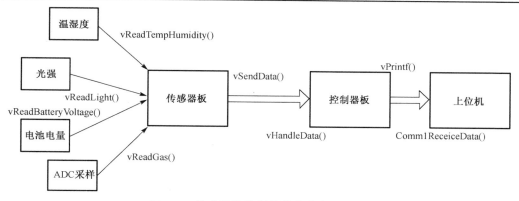

图 8-3　传感器的数据传输软件实现过程

4. 基本函数

1）PRIVATE void vInit

初始化函数，初始化系统、指示灯以及传感器，最后启动 BOS 一个小型的任务系统，然后我们的程序就在这个小型系统的调度下开始工作，进入不同的事件处理函数。

2）PRIVATE void vAppTick

该函数是从节点程序的核心内容。它的作用是查询按键事件，读取传感器数据，包括光强值、温湿度值和电压值，并发送给主节点。这个函数是一个时钟周期性调用函数，在函数的最后它又创建一个时钟，以便在下一个时钟周期后再次被调用。

3）PRIVATE void vReadTempHumidity

该函数完成了温湿度传感器的数据的读取过程。

4）PRIVATE void vReadLight

该函数完成了光强传感器的数据的读取过程。与读取温湿度数据过程类似。

5）PRIVATE void vReadBatteryVoltage

该函数用来读取电池的电压值。它展示了一个完整的 AD 采样的过程。

6）PRIVATE void vReadGas

该函数完成 ADC 口数据的读取过程。其中，sGasSensor.u16Reading 数组存放的是 ADC1 和 ADC2 读取的数值（mV）。

7）PRIVATE void vSendData

该函数把从节点读到的数据发送给主节点。该函数构建了相应的数据包并向协议栈发送了相应的数据。发送请求将从节点读到的数据发送到主节点。其中调用（void）afdeDataRequest（）函数向网络层发出数据发送的请求。

```
(void)afdeDataRequest(APS_ADDRMODE_SHORT,
                      0x0000,
```

```
                                WSN_DATA_SINK_ENDPOINT,
                                WSN_DATA_SOURCE_ENDPOINT,
                                WSN_PROFILE_ID,
                                WSN_CID_SENSOR_READINGS, //Cluster ID:
                                AF_MSG,
                                1,
                                asTransaction,
                                APS_TXOPTION_NONE,
                                SUPPRESS_ROUTE_DISCOVERY,
                                0
                                );
```

8) PRIVATE void vHandleData

该函数在主节点程序用于处理从从节点接收到而存储在缓冲队列中的数据，根据接收到的数据头，主节点将判断从节点发来的是什么信息，然后作相应的处理。

9) PRIVATE void vTxSerialDataFrame

串口输出函数。其中调用 vPrintf 函数用来把实验板上的数据输出到 PC 上，可用串口调试助手观看数据。

```
PRIVATE void vTxSerialDataFrame(uint16 ShortAddr,
                                uint16 humid,
                                uint16 temper,
                                uint16 ligh,
                                uint16 bat,
                                uint16 adc1,
                                uint16 adc2,
                                uint16 i16RSSI)
{
vPrintf("&");
vPrintf("\r\nShortAddr=%x", ShortAddr);
vPrintf("\r\nHumidity=%d", humid);
vPrintf("\r\nTemperature=%d", temper);
vPrintf("\r\nLight=%d", ligh);
vPrintf("\r\nBattVolt=%d", bat);
vPrintf("\r\nADC1=%d", adc1);
vPrintf("\r\nADC2=%d", adc2);
vPrintf("\r\nRSSI=%x", i16RSSI);
vPrintf("Z3");
}
```

8.1.3　实验设备与软件环境

硬件：Semit 物联网开发平台主节点 1 个，从节点 3 个，PC 一台，串口线(公母)1 条，5V 电源 1 个。

软件：Jennic CodeBlocks，Jennic Flash Programmer，SEMIT 物联网实验开发平台配套软件

8.1.4　实验内容和步骤

1. 烧写程序

首先将开发包中的串口连接线取出，连接到 PC 的串口，然后将另一端连接到主节点的串口 1(从节点的串口 2)，将主节点的烧写下载开关拨到"开"状态。安装电源和天线。

启动 Jennic Flash Programmer，然后给板子上电，单击 Refresh 按钮。如果能够看到正常的 MAC 地址被读取上来，可以确认所有的连接和供电都是正常的，否则重新连接，如图 8-4 所示。

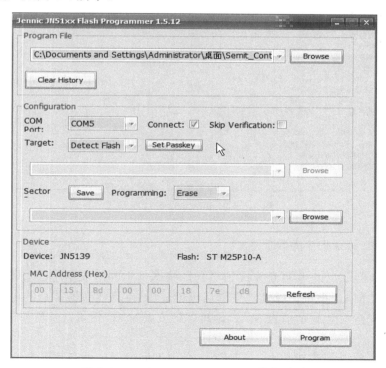

图 8-4　Jennic Flash Programmer 程序界面

单击 Browse 按钮，选择编译好的 JN5139_WSN_Coordinator.bin 文件。单击 Program 按钮把程序写入板子。断电，然后把烧写下载开关拨到"关"状态，重新上电即可运行。重复上述步骤，将每块板子都烧好即可。单击 Refresh 按钮可以实验板的 32 位 MAC 地址。从节点的烧写步骤与主节点类似，这里不赘述。

2. 配置串口

打开配套实验软件。首先选择串口，串口号在"我的电脑"→"属性"→"硬件"→"设备管理器"→"端口（COM 和 LPT）"中查看，如图 8-5 所示。

其次选择波特率，波特率为 19200。最后单击"打开串口"按钮，最下方会显示"串口打开成功"。

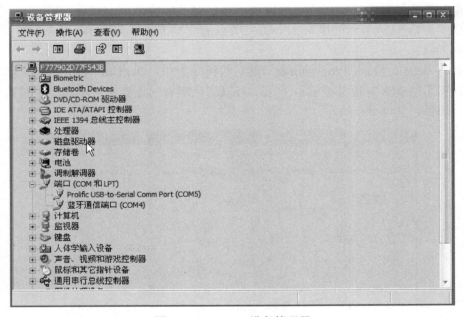

图 8-5　Windows 设备管理器

3. 打开控制器及传感器节点

再将控制器节点的电源开关拨到"开"状态，下面的表格中会显示节点 MAC 地址、父节点 MAC 地址，以及"主节点已创建"。再将传感器节点的电源开关拨到"开"状态，表格中会显示节点 MAC 地址、父节点 MAC 地址，以及"节点已加入"，如图 8-6 所示。

如果有多个传感器节点加入，则图中会用不同颜色的线条表示，在每个图的右上方标注了不同颜色线条代表的 MAC 地址，如图 8-7 所示。

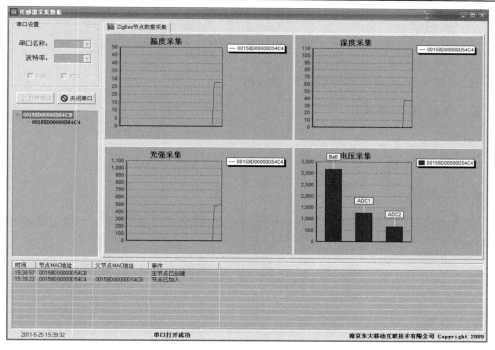

图 8-6　加入一个传感器节点

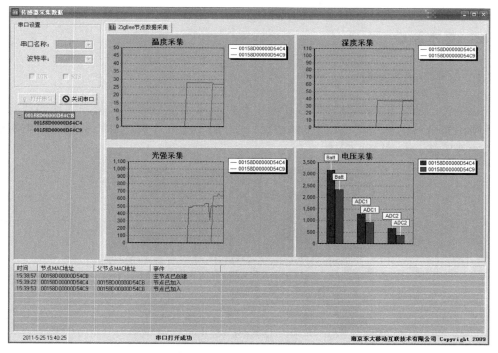

图 8-7　加入多个传感器节点

8.1.5　预习要求

(1)了解物联网平台的结构组成。

(2)了解从节点采集实时数据的基础知识。

8.1.6　实验报告要求

(1)记录各种数据变化的曲线。

(2)回答思考题。

8.1.7　思考题

详细描述从节点如何采集各种实时数据并发送至主节点，并在上位机软件中显示的过程。

8.2　医用传感器基本功能及其实验

8.2.1　引言

本实验使用户熟悉从节点定时采集心电传感器实时数据并上传至主节点的过程，并通过上位机软件的图形化显示观察心率的变化。

8.2.2　基本原理

1. 心率传感器介绍

心率传感器采集到的脉冲信号作为中断信号交由单片机进行脉冲周期的计算，然后得出每分钟的脉搏搏动次数(即心率)，每隔 10s 单片机会将心率通过串口发送至传感器节点，如图 8-8 所示。

图 8-8　心率传感器实物图

2. 心率传感器的数据传输

主节点先建立网络，从节点上电后发送加入申请，向主节点发送自己的 MAC 地址和父节点的 MAC 地址。主节点在收到新加入的从节点的信息后，会向上位机打印出从节点的地址，并发回确认信息。从节点在收到确认信息后，就开始准备周期性地将串口接收到的数据发送给主节点。主节点在接收到数据后，一方面向上位机打印，一方面再次发回确认信号，点亮从节点上的 LED2，至此完成了一次点对点数据的收发过程。

数据传输的软件实现过程及代码中的具体函数如图 8-9 所示。

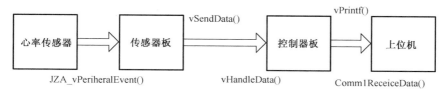

图 8-9　心率传感器的数据传输过程

3. 基本函数

1）PRIVATE void vlnit

这个函数是初始化函数，初始化系统、指示灯以及传感器，最后启动 BOS 一个小型的任务系统，然后程序就在这个小型系统的调度下开始工作，进入不同的事件处理函数。

2）PRIVATE void vSendData

该函数把从节点读到的数据发送给主节点。该函数构建了相应的数据包，并向协议栈发送了相应的数据，发送请求将从节点读到的数据发送到主节点。其中调用 (void) afdeDataRequest () 函数向网络层发出数据发送的请求。

3）PRIVATE void vHandleData

该函数在主节点程序用于处理从从节点接收到而存储在缓冲队列中的数据，根据接收到的数据头，主节点将判断从节点发来的是什么信息，然后做相应的处理。

4）PUBLIC void JZA_vPeripheralEvent

这个函数主要用来处理外部的硬件中断，比如说时钟、串口等。当心率传感器采集到数据并通过串口发送时，就会调用这个函数产生中断。

```
PUBLIC void JZA_vPeripheralEvent(uint32 u32Device, uint32 u32ItemBitmap)
{
    uint8 cCharIn = 0;
    uint8 cCommandBuffer[64] = {0};
    uint8 u8CommandTail = 0;

    if (u32Device == E_AHI_DEVICE_UART0)
```

```
    {
/* 如果串口 1 接收到数据 */
if ((u32ItemBitmap &0x000000FF)== E_AHI_UART_INT_RXDATA)
{
/* 串口 1 产生接收中断 */
cCharIn = (u32ItemBitmap & 0x0000FF00) >> 8;
cCommandBuffer[u8CommandTail++] = cCharIn;
vPrintf("\r\ncCharIn = %x", cCharIn);
/* 将串口接收到的心率传感器采集到的值赋给 Heart_rate */
sNodeSensor.Heart_rate = cCommandBuffer[0];
/*将心率传感器采集到的值发送至控制器节点*/
vSendData(0x85);
u8CommandTail = 0 ;
if (u8CommandTail == 64)
{
    u8CommandTail = 0 ;
}
else if (u32ItemBitmap == E_AHI_UART_INT_TX)
{
    vUART_TxCharISR();
}
    }
}
```

8.2.3　实验设备与软件环境

硬件：Semit 物联网开发平台主节点 1 个，从节点 1 个，PC PIII 800MHz、256MB 以上，串口线（公母）1 条，5V 电源 1 个。

软件：Jennic CodeBlocks，Jennic Flash Programmer，SEMIT 物联网实验开发平台配套软件

8.2.4　实验内容和步骤

1. 烧写程序

具体步骤与 8.1.4 小节第 1 点相同。

2. 配置串口

查看串口配置的方法与 8.1.4 小节第 2 点相同。启动配套实验软件，选择好串口名称与波特率后单击"打开串口"按钮，最下方会显示"串口打开成功"。

将控制器节点的电源开关拨到"开"状态，信息提示"物联网主节点初始化成功"。再将传感器节点的电源开关拨到"开"状态，表格中会显示"心率采集节点接入成功"，如图 8-10 所示。

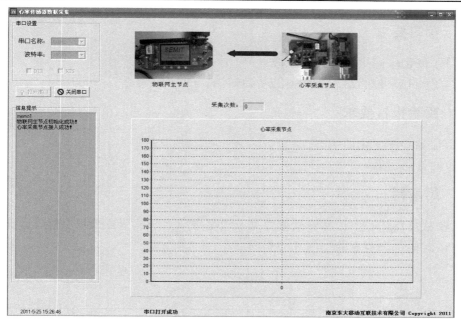

图 8-10 心率采集节点接入成功

心率采集节点接入成功后，采集到的数据就会在图中显示。LCD 屏显示的是当前采集到的心率值，如图 8-11 所示。

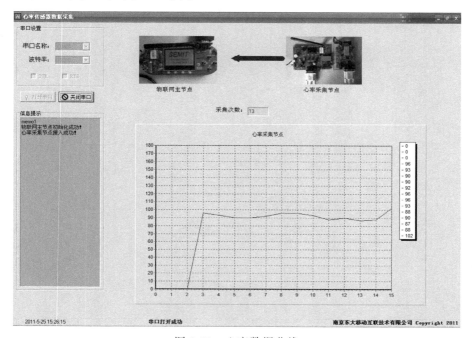

图 8-11 心率数据曲线

8.2.5 预习要求

(1) 了解物联网平台的结构组成。

(2) 了解心率传感器采集数据的基础知识。

8.2.6 实验报告要求

(1) 记录心率变化曲线。

(2) 回答思考题。

8.2.7 思考题

比较从节点从心率传感器采集数据发送至主节点与从节点采集温湿度、光强等实时数据发送至主节点的不同点与相同点。

第 9 章　RFID 系统接入蜂窝网络实验

9.1　引　　言

本实验在 RFID 基础实验的基础上，将 RFID 加入蜂窝网络接入系统，即远端设备与 RFID 阅读器之间的数据通信是通过嵌入式开发板接 GSM 模块采用短信方式发送的。通过对实验现象的观察和源代码的剖析，使学生对 GSM 模块收发系统和 RFID 读写系统的控制与使用有进一步的认识。

9.2　基 本 原 理

本实验中，PC 通过串口与嵌入式开发板相连，嵌入式开发板通过串口 1 连接 RFID 阅读模块（13.56MHz 和 915MHz），串口 2 连接 GSM/GPRS 模块。嵌入式开发板通过串口发送命令，搜索附近的 RFID 标签并读取其标签信息，再通过连接的 GSM/GPRS 模块将标签信息以短信形式发送至远端设备，如图 9-1 所示。

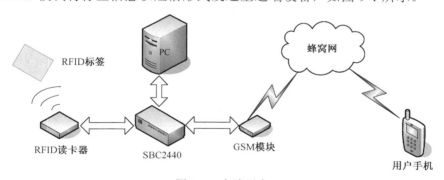

图 9-1　实验平台

9.2.1　移动通信网络简介

近些年来无线通信技术得到了迅猛发展，层出不穷的无线接入技术（RATs，Radio Access Technologies）被广泛地使用。全球数字移动通信系统（GSM，Global System for Mobile communication）是目前世界上应用最广泛的第二代移动通信系统（2G，2nd Generation）。通用分组无线业务（GPRS，General Packet Radio Service）覆盖在 GSM 的物理层和网络实体之上，增强了 GSM 的数据传输能力。1985 年，国际电信联盟首先提出了第三代移动通信系统的概念，第三代移动通信系统也被视为未来公众陆地通信系统，也就是后来演变成的 IMT-2000 系统。IMT-2000 系统工作在 2000MHz 频率段上，在全世界大多数国家都已得到了广泛的商业使用。第三代移动通信系统主要包括三种通信标准：WCDMA、CDMA2000 以及 TD-SCDMA。

TD-SCDMA 标准是我国提出的并拥有知识产权的通信标准，也是由国际电信联盟批准的第三代移动标准之一。TD-SCDMA 主要采用时分同步码分多址技术，虽然起步较晚，但如今它已被国际上广泛认可，并逐步得到应用。

TD-SCDMA 标准使用了软件无线电（Software Radio）、接力切换（Baton Handover）、动态信道分配（Dynamic Channel Allocation）、智能天线（Smart Antenna）、联合检测（Joint Detection）等一系列前沿技术，吸收了时分多址、码分多址以及频分多址这几个技术的优点，在频谱效率、容量、成本和服务方面都提供了优于 FDD 系统的特性。首先，TD-SCDMA 并不需要在 FDD 模式中上下行链路需要的成对的频谱，这使得 TD-SCDMA 尤其适合于非对称服务，大大提高了频谱利用率。对于不同上行链路和下行链路的流量比率，使用对称和非对称服务需要不同的带宽，而非成对频谱可以根据上下行链路流量的比率很容易地实现灵活的时隙分配。其次，由于上行链路和下行链路相同的无线传播特性，使得我们可以很容易地利用 TD-SCDMA 智能天线和联合检测技术，提高系统的容量。

GSM 俗称"全球通"，是一种起源于欧洲的移动通信技术标准，是第二代移动通信技术。其开发目的是让全球各地可以共同使用一个移动电话网络标准，让用户使用一部手机就能行遍全球。我国于 20 世纪 90 年代初引进采用此项技术标准，此前一直是采用蜂窝模拟移动技术，即第一代 GSM 技术（2001 年 12 月 31 日我国关闭了模拟移动网络）。目前，中国移动、中国联通各拥有一个 GSM 网，为世界最大的移动通信网络。GSM 系统包括 GSM 900：900MHz、GSM1800：1800MHz 及 GSM1900：1900MHz 等几个频段。GSM 是一种广泛应用于欧洲及世界其他地方的数字移动电话系统。GSM 使用的是时分多址的变体，并且它是目前 3 种数字无线电话技术（TDMA、GSM 和 CDMA）中使用最为广泛的一种。GSM 将资料数字化，并将数据进行压缩，然后与其他两个用户数据流一起从信道发送出去，另外两个用户数据流都有各自的时隙。GSM 实际上是欧洲的无线电话标准，据 GSM MoU 联合委员会报道，GSM 在全球有 12 亿用户，并且用户遍布 120 多个国家。因为许多 GSM 网络运营商与其他国外运营商有漫游协议，因此当用户到其他国家之后，仍然可以继续使用他们的移动电话。目前国内 3G 移动网络已经占据了市场的主流，但各运营商之间的网络制式互不兼容，GSM 作为通用性最强的移动网络仍然占有一席之地。

9.2.2　GSM 中 AT 指令简介

AT 即 Attention，AT 命令集是从 TE（Terminal Equipment）或 DTE（Data Terminal Equipment）向 TA（Terminal Adapter）或 DCE（Data Circuit Terminating Equipment）发

送的，通过 TA，TE 发送 AT 命令来控制 MS(Mobile Station)的功能与 GSM 网络业务进行交互。通过串口发送 AT 命令，即可使用 GSM 模块。有关 GSM 模块的常用 AT 指令介绍如下，详细使用参见具体程序。

1. 拨打电话指令

拨打电话的 AT 指令如表 9-1 所示。

表 9-1 拨打电话的 AT 指令

指令	语法	ATD+ number<CR>	
	参数	对方电话号码：number	
用法	指令	ATD+ 12345678<CR>	拨打电话 12345678

2. 挂断电话指令

挂断电话的 AT 指令如表 9-2 所示。

表 9-2 挂断电话的 AT 指令

指令	语法	ATH	
	参数	无	
用法	指令	ATH	挂断电话

3. 接听电话指令

接听电话的 AT 指令如表 9-3 所示。

表 9-3 接听电话的 AT 指令

指令	语法	ATA	
	参数	无	
用法	指令	ATA	接听电话

4. 发送短信指令

发送短信的 AT 指令如表 9-4 所示。

表 9-4 发送短信的 AT 指令

指令	语法	AT+CMGS="num","msg" <CR>	
	参数	num	收短信者的手机号码
		msg	要发送的短信内容
用法	指令	AT+CMGS= "12345678","This is test message"<CR>	发送短信"This is test message"

5. 读取短信指令

读取短信的 AT 指令如表 9-5 所示。

表 9-5　读取短信的 AT 指令

指令	语法	AT+CMGR=<index>	
	参数	index	所要读取短信的索引
用法	指令	AT+CMGR="5"	读取第 5 条短信

6. 删除短信指令

删除短信的 AT 指令如表 9-6 所示。

表 9-6　删除短信的 AT 指令

指令	语法	AT+CMGD=<index>	
	参数	index	所要读取短信的索引
用法	指令	AT+CMGD="5"	删除第 5 条短信

9.2.3　RFID 阅读器的控制与使用

关于 RFID 的基本原理已经在 "RFID 基础实验" 中有了详细的解释，在此不赘述。在本实验当中，嵌入式开发板接收到询问状态响应后，便通过串口向 RFID 阅读器发送指令：0xaa 0x02 0x18 0x55，阅读器收到该指令后便会读取标签信息。若读取数据成功，则返回标签信息数据 0xaa 0x11 0x18 0x00 0x30 0x00 0x00 0x00 0x00 0x00 0x00 0x00 0x00 0x00 0x00 0x00 0x01 0x46 0x55（每个标签的编号不同），此标签信息也会通过串口上传给嵌入式开发板；若读取数据失败，则返回 0xaa 0x03 0x18 0x01 0x55。具体命令格式请参考 "RFID 基础实验"。

9.2.4　利用 GSM 模块发送短信

GSM 模块发送的短信分为两种格式：PUD 和文本格式。PUD 格式较为复杂，可发送汉字等任意格式信息；文本格式较为简单，但只能发送英文字符信息。由于本案例只需要发送 RFID 的标签编号，因此采用文本格式的短信，既方便又易于理解。发短信程序的部分代码如下：

```
void send_msg(int fd,unsigned char *tag)
{
    int i=0;
    char c;
    char msg_1[10];
    char msg_2[20];
```

```
    char msg_3[50];
msg_1[0]=0x41;msg_1[1]=0x54;msg_1[2]=0x2B;msg_1[3]=0x43;msg_
1[4]=0x4D;msg_1[5]=0x47;msg_1[6]=0x46;msg_1[7]=0x3D;
msg_1[8]=0x31;msg_1[9]=0x0D;

msg_2[0]=0x41;msg_2[1]=0x54;msg_2[2]=0x2B;msg_2[3]=0x43; msg_
2[4]=0x4D;msg_2[5]=0x47; msg_2[6]=0x53;msg_2[7]=0x3D;
    printf("\n\nplease enter the number to send msg,ending with
            \"x\"\n");
    printf(">");
     i=8;
    do{
      scanf("%c",&msg_2[i]);
      i++;
    }while(msg_2[i-1]!='x');
  msg_2[i-1]=0x0D;              //目标号码提取，以 0x0D 结束
  scanf("%c",&c);
  for(i=0;i<strlen(tag);i++) msg_3[i]=tag[i];
  msg_3[strlen(tag)]=0x1A;      //短信内容提取，以 0x1A 结束
write(fd,msg_1,10);             //开始发短信
sleep(1);
printf("\n\n\nInitializing ...\n");
write(fd,msg_2,sizeof(msg_2));
sleep(1);
printf("Setting ...\n");
write(fd,msg_3,sizeof(msg_3));
sleep(1);
printf("Sending ...\n");
}
```

9.2.5　SBC2440 嵌入式开发板

嵌入式平台由 Samsung S3C2440 核心板和底板组成。核心板是 S3C2440 的一个最小系统板，采用 6 层板设计，等长布线以满足电路信号的完整性要求，接口采用 U 型排列插针。底板包含了嵌入式平台的接口和外设，采用 2 层板设计，未用到的 IO 口和系统总线通过 2.0mm 插针引出，方便扩展。下面对核心板和底板分别进行介绍。

1. 嵌入式平台核心板

嵌入式平台核心板硬件资源如图 9-2 所示。

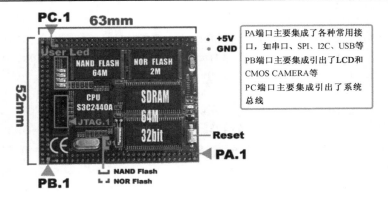

图 9-2　核心板硬件资源

· CPU：Samsung S3C2440A，主频 400MHz，最高 533MHz。

· SDRAM：在板 64M SDRAM。

· 32 bit 数据总线。

· SDRAM 时钟频率高达 100MHz。

· Flash Memory：在板 256M Nand Flash，掉电非易失；在板 2M Nor Flash，掉电非易失，安装 BIOS。

2. 嵌入式平台底板

底板布局如图 9-3 所示。

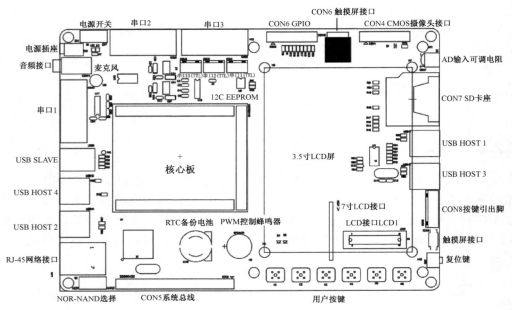

图 9-3　底板布局

嵌入式平台底板硬件资源如下：

- 1 个 100M 网络 RJ-45 接口，采用 DM9000 网卡芯片；
- 3 个串口接口，分别有 RS232 接口和 TTL 接口引出；
- 4 个 USB Host，通过 USB HUB 芯片扩展；
- 1 个 USB Slave；
- 标准音频输出接口，麦克风 MIC；
- 1 个 PWM 控制蜂鸣器；
- 1 个可调电阻，用于 AD 转换测试；
- 6 个用户按键，并通过排针座引出，可作为其他用途；
- 1 个标准 SD 卡座；
- 2 个 LCD 接口座，其中 LCD1 为 41Pin 0.5mm 间距贴片接口；
- 1 个 3.5 寸真彩屏，接于 LCD1 接口；
- 2 个触摸屏接口，分别有 2.0mm 和 2.54mm 间距两种，实际它们的定义相同；
- 1 个 CMOS 摄像头接口（CON4），为 20Pin 2.0mm 间距插针；
- 在板 RTC 备份电池；
- 1 个电源输入口，+5V 供电。

9.3　实验设备与软件环境

硬件：S3C2440 嵌入式开发平台（带触摸屏），PC 1 台，RFID 阅读器 1 个，标签 2 张，GSM/GPRS 模块 1 个，SIM 卡 1 张，串口连接线双母线 1 条，公母线 2 条，5V 电源 2 个，7.5V 电源 1 个。（注：如果 PC 没有串口可用 USB 转串口线增加一个串口。）

软件：RedHat 9.0 以上 Linux 操作系统，SEMIT 物联网实验开发平台配套软件。

9.4　实验内容与步骤

（1）将开发板上的 COM0 与 PC 的串口相连，开发板的 COM1 与 RFID 阅读器模块连接，开发板的 COM2 与 GSM 模块连接，开发板接 5V 电源，RFID 阅读器接 5V 电源，GSM 模块接 7.5V 电源。

（2）启动开发板，建立交叉编译环境，在终端上看到如图 9-4 所示的内容。

（3）打开 GSM/GPRS 模块开关，等待一段时间后会听见 GSM/GPRS 模块发出"吱吱"声，如未发出声音，则重新启动 GSM/GPRS 模块。在开发板上输入 cd /etc/ppp，进入该目录，如图 9-5 所示。

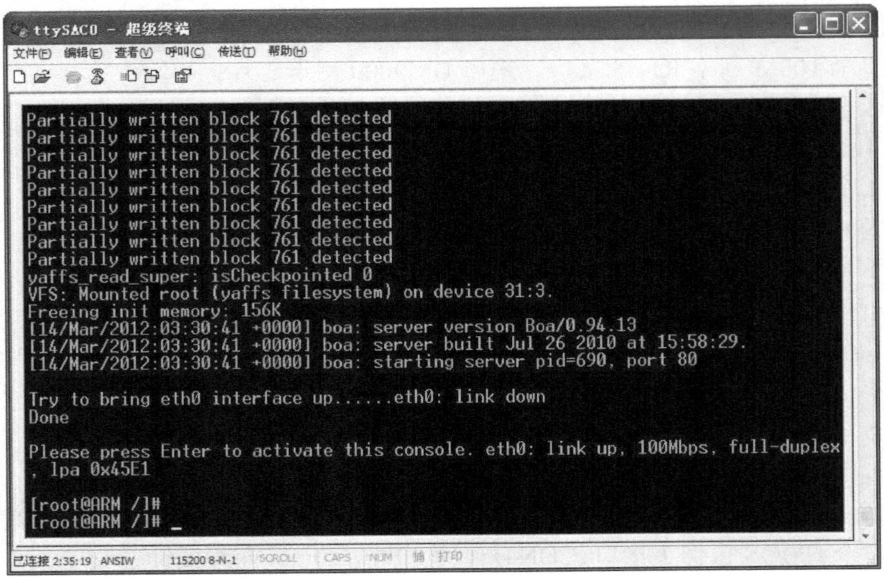

图 9-4　交叉编译环境

图 9-5　进入目录

　　(4)在命令行中输入./ppp.g 运行命令。在命令行输入 ifconfig 后，可以看见出现
ppp0 设备，如图 9-6 所示。

图 9-6　运行程序

(5) 在命令行输入网址 ping www.baidu.com，可以看见连接成功，如图 9-7 所示。

图 9-7　输入网址

(6) 在开发板上输入 cd /semit/RFID，进入该目录，如图 9-8 所示。

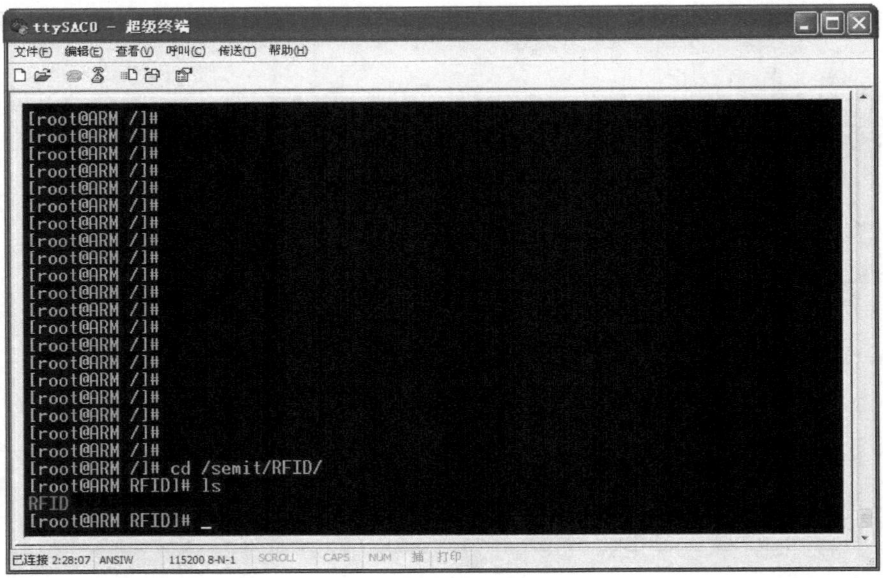

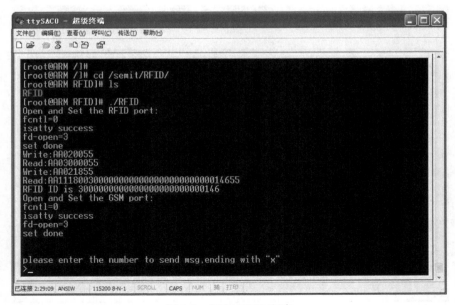

图 9-8　进入目录

(7)将 RFID 标签放在 RFID 阅读器上，在命令行中输入./RFID，运行命令，如图 9-9 所示。

图 9-9　运行 RFID 程序

(8)按屏幕上的提示进行操作，输入要拨打的电话号码，即发送 RFID 标签信息给指定号码(用户手机)，如图 9-10 所示。观察手机看是否成功接收到短信。

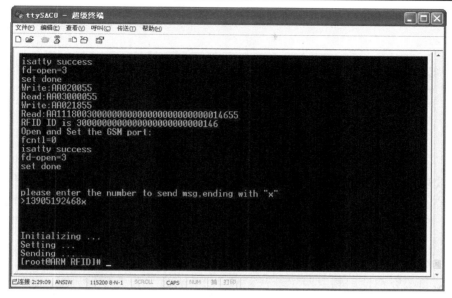

图 9-10　发送 RFID 标签信息

9.5　预 习 要 求

（1）了解 RFID 阅读器的使用方法、命令格式等。
（2）了解物联网嵌入式开发板收发数据的方法。

9.6　实验报告要求

（1）记录实验过程。
（2）回答思考题。

9.7　实验思考题

比较 RFID 阅读器读取标签数据的几种方式。

第 10 章　物联网嵌入式软件开发及其实验

10.1　引　　言

本实验通过对实验现象的观察和源代码的剖析，使学生掌握使用物联网实验开发平台完成开发工作的完整流程，对示例软件的结构与核心代码有较系统的了解。

10.2　工　作　原　理

本节将会介绍使用物联网实验开发平台进行开发工作的完整流程，然后再对光盘中提供的物联网主从节点数据收发例程的结构与核心代码进行剖析。

10.2.1　开发流程

使用本产品进行开发工作的主要步骤有 5 步，其流程如图 10-1 所示。下面对每一步操作进行详细说明。

1. 安装软件

1) 软件介绍

Jennic CodeBlocks 这个软件是 Jennic 所提供的代码编辑和编译环境，将这个软件和基于 cygwin 的 gcc 编译器进行连接完成代码的编译工作。CodeBlocks 是一款开源的 C/C++开发工具，Jennic 基于这个工具对其进行扩展，形成了自己的开发平台。

Jennic Flash Programmer 这个程序是用来将编译好的二进制代码(.bin 文件)下载到物联网主节点或从节点中的工具。

注：

(1)在使用 CodeBlocks 时，对于某些工程，Debug 模式会有问题。Debug 是调试模式，在最终使用程序时，请选择 release 模式进行编译。

(2)在使用高功率模块时，必须添加高功率库。

(3)光盘中的示例程序必须解压到程序安装磁盘(默认为 C 盘)下面的 Jennic\cygwin\jennic\SDK\Application 目录下。

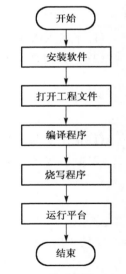

图 10-1　物联网实验开发平台开发流程

（4）802.15.4 以及 ZigBee 协议栈的一些库文件、源文件、头文件在 SDK 目录下。

2）软件安装

请选择光盘中的 Software\开发包\JN-SW-4031-SDK-Toolchain-v1.1.exe 程序安装文件，选择 Complete 模式单击安装（建议在默认路径下）。安装过程如下。

（1）双击安装文件后出现如图 10-2 所示界面。

图 10-2　Jennic Toolchain 安装界面

（2）单击 Next 按钮，出现如图 10-3 所示界面。

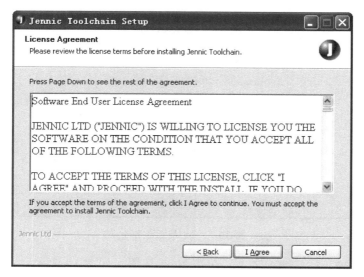

图 10-3　许可协议

(3) 单击"I Agree"按钮，出现如图 10-4 所示界面。

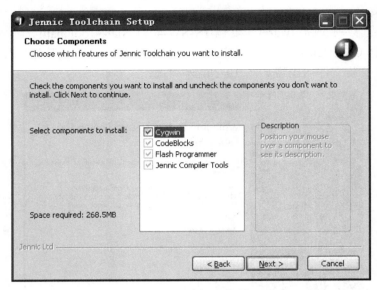

图 10-4　选择安装项

(4) 选择默认设置，单击 Next 按钮，如图 10-5 所示。

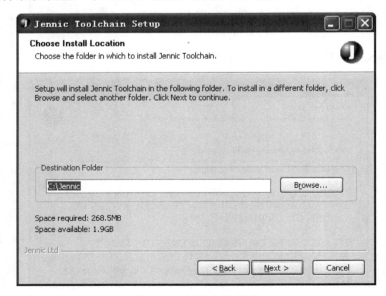

图 10-5　默认安装路径

(5) 建议安装在默认路径之下，单击 Next 按钮，如图 10-6 所示。

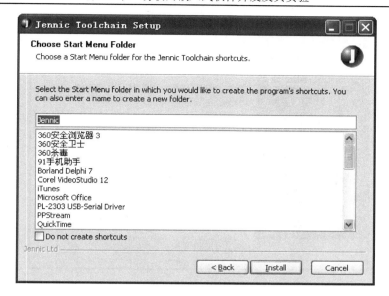

图 10-6　准备安装

（6）单击 Install 按钮开始安装，如图 10-7 所示。

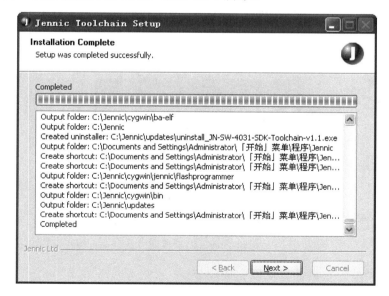

图 10-7　正在安装

（7）当出现 Completed 后单击 Next 按钮完成安装，如图 10-8 所示。

（8）单击 Finish 按钮，出现如图 10-9 所示提示界面。

图 10-8　安装完成

图 10-9　提示界面

(9)单击"是"重启计算机以完成安装。

安装完成后，桌面上会有如图 10-10 所示快捷图标。

图 10-10　快捷图标

其中，Jennic CodeBlocks 为开发平台的快捷键图标，Jennic Flash Programmer 为程序下载工具(即烧写软件)Flash Programmer 的快捷键图标。

下面安装光盘中的 Software\开发包\JN-SW-4030-SDK-Libraries-v1.1.exe 库文件。安装过程如下。

(1)双击安装文件后出现如图 10-11 所示界面。

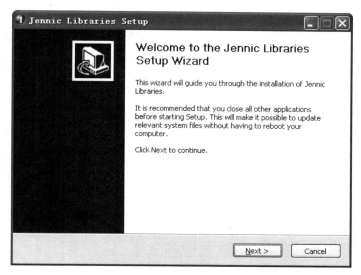

图 10-11　安装向导界面

(2)单击 Next 按钮，如图 10-12 所示。

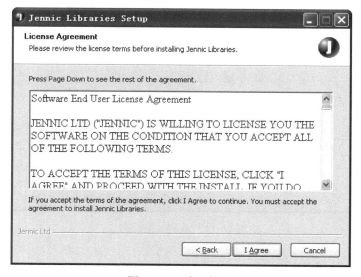

图 10-12　许可协议

(3) 单击 "I Agree" 按钮，如图 10-13 所示。

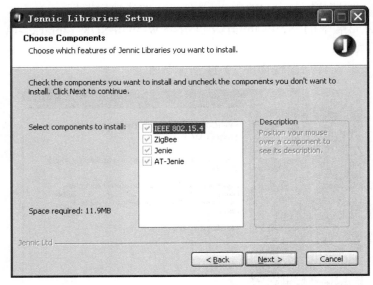

图 10-13　安装选项

(4) 单击 Next 按钮，如图 10-14 所示。

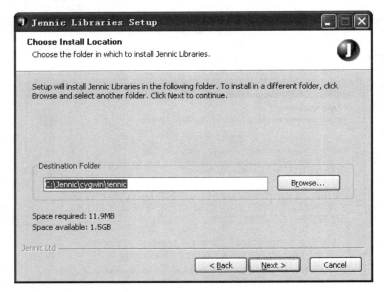

图 10-14　选择安装路径

(5) 单击 Next 按钮，如图 10-15 所示。

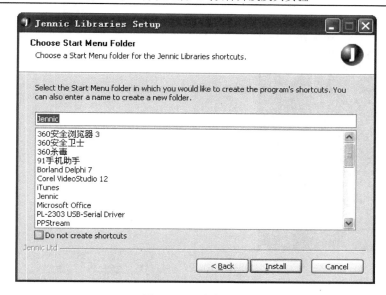

图 10-15　准备安装

（6）单击 Install 按钮，如图 10-16 所示。

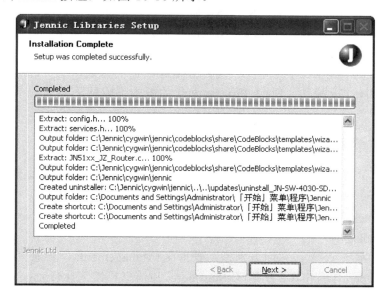

图 10-16　正在安装

（7）单击 Next 按钮，如图 10-17 所示。

（8）单击"Finish"按钮，完成安装。

图 10-17 安装完成

注:

(1) Typical 模式默认只安装 802.15.4 协议栈,默认路径是 C 盘的目录。

(2) Custom 模式是用户可以选择安装的模式,用户可以选择安装组件与路径。

(3) 建议用户选择 Complete 模式,这样会默认安装所有的开发平台组件(包含 802.15.4 协议栈和 ZigBee 协议栈),默认路径是 C 盘的目录。

(4) 对于 JN5139 模块,Flash Programmer 的版本不能低于 1.5.5,否则不能下载程序。

2. 打开工程文件

以物联网主节点程序为例。首先,把光盘里的 Semit_Controller 文件夹复制到安装目录(如 C:\)下的 Jennic\cygwin\jennic\SDK\Application 目录下。双击桌面上的 Jennic CodeBlocks 图标或单击"开始"→"所有程序"→Jennic→Jennic CodeBlocks, 弹出 CodeBlocks 主界面,如图 10-18 所示。

主界面分为 5 个区,它们分别是:管理区(Management)、查看区(Watches)、文件列表区(Open files list)、开始区(Start here)和信息反馈区(Messages)。管理区里显示项目包含的所有文件;查看区显示 debug 调试信息;文件列表区显示 Source 文件夹里的所有文件;开始区里可以选择新建工程、打开已有的工程、访问 CodeBlocks 论坛和打开最近访问的工程及文件;信息反馈区里显示编译信息。

单击菜单栏上的 File→Open 或主界面上的 Open an existing project,选择 JN5139_ WSN_Coordinator.cbp 工程文件,如图 10-19 所示。

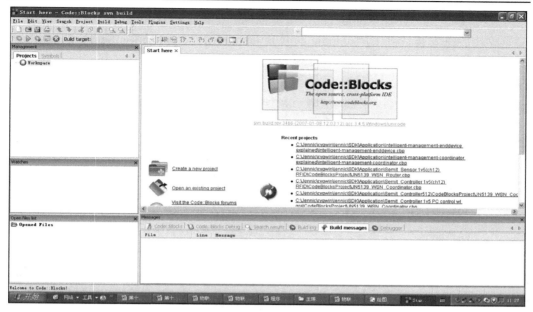

图 10-18　CodeBlocks 主界面

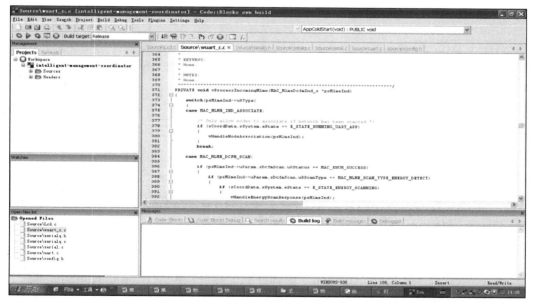

图 10-19　打开工程文件

3. 编译程序

单击 Build→Select target…或选择 Bulid target 为 Release，然后在工程名上单击鼠标右键，选择 Build Options 命令，确认工程的编译器选择为 JN51XX Compiler。

选择 JN5139_WSN_Router.cbp，单击鼠标右键，选择 Rebuild 重新编译程序，编译成功后在安装目录下的 Jennic\cygwin\jennic\SDK\Application\Semit_Controller\JN5139_Build\Release 里生成 JN5139_WSN_Coordinator. bin 二进制文件即烧写文件，如图 10-20 所示。

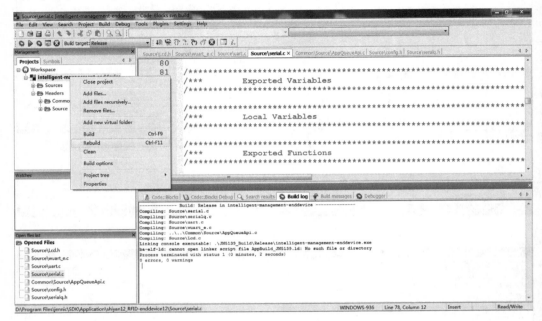

图 10-20　程序编译

4. 烧写程序

(1)将开发包中的串口连接线(1 公线、1 母线)取出，连接到 PC 的串口，然后将另一端连接到主节点的串口 1，将主节点的烧写下载开关拨到"开"状态。

(2)启动 Jennic Flash Programmer，选择烧写程序的串口，然后给板子上电，单击 Refresh 按钮。如果能够看到正常的 MAC 地址被读取上来，可以确认所有的连接和供电都是正常的，否则请重新连接，如图 10-21 所示。

(3)单击 Browse 按钮，选择刚才编译好的 JN5139_WSN_Coordinator. bin 文件。单击 Program 按钮，把程序写入板子。断电，然后把烧写下载开关拨到"关"状态，重新上电即可运行。

重复上述步骤，将每块板子都烧好即可。单击 Refresh 按钮可以显示实验板的 32 位 MAC 地址。

从节点的烧写步骤与主节点类似，只需打开 JN5139_WSN_Router.cbp 程序编译再烧写即可，这里不赘述！（注意：在给从节点烧写程序时要将"串口选择开关"设为弹起状态，即此时 ZigBee 模块与 RS232 串口相连接。）

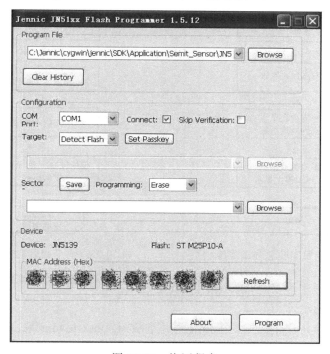

图 10-21　烧写程序

5. 运行平台

程序全部烧写完成以后，只要给板子重新上电便可正常运行开发平台了。

10.2.2　数据收发实验源码剖析

在此将会对光盘中提供的物联网实验开发平台的数据收发实验源码进行分析。本数据收发实验所实现的功能是物联网主从节点进行联网以后，物联网从节点周期性地读取传感器的数据，并且将读到的数据周期性地传送给物联网主节点；主节点接收到数据以后会将数据存储下来，并在 LCD 显示屏上显示接收的从节点的数据。本实验的总体工作流程如图 10-22 所示。

下面将对总体工作流程中的每一步进行详细的说明。

1. 主节点开启网络

主节点开启网络的程序在 JN5139_WSN_Coordinator.cbp 工程文件中的 WSN_Coordinator.c 程序中。其开启网络的流程如图 10-23 所示。

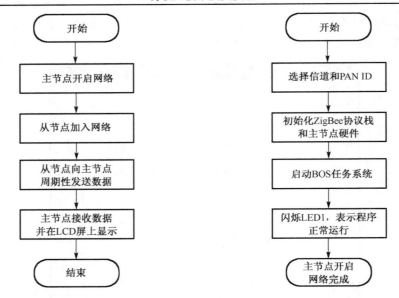

图 10-22　数据收发实验总体工作流程　　　图 10-23　主节点开启网络流程

下面将对流程中涉及到的具体函数进行说明：

1）AppColdStart

此函数是整个程序的入口，Jennic 程序都是由 boot loader 来启动和引导的。在 boot loader 引导完成以后就会自动调用 AppColdStart 函数。此函数完成了物联网主节点建立网络时的初始化过程，包括选择信道和 PAN ID，并且调用初始化函数 vInit。

关键语句解释如下。

（1）选择 ZigBee 网络使用的信道。

```
JZS_sConfig.u32Channel = WSN_CHANNEL;
```

（2）选择 PAN ID。

```
JZS_sConfig.u16PanId = WSN_PAN_ID;
```

（注：WSN_CHANNEL=21，WSN_PAN_ID=0xADED，在 WSN_Profile.h 当中设置）

（3）调用初始化函数。

```
vInit();
```

2）vInit

此函数对 ZigBee 协议栈和主节点的硬件进行初始化，最后启动了 BOS 一个小型的任务系统，然后我们的程序就在这个小型系统的调度下开始工作，进入不同的事件处理函数。

关键语句解释如下。

(1) 初始化 ZigBee 协议栈。

```
JZS_u32InitSystem(TRUE);
```

(2) 初始化主节点上 4 个 LED 灯，使它们均熄灭。

```
vLEDControl(0,0);
vLEDControl(1,0);
vLEDControl(2,0);
vLEDControl(3,0);
```

(3) 初始化串口。

```
vSerial_Init();
```

(4) 初始化 LCD 显示屏，并显示初始化界面。

```
LCD_initial();
Display_Picture(pic);
```

此时显示屏上显示的是"东大移动互联技术有限公司

　　　　　　　　　　　电话：　　02584455801

　　　　　　　　　　　传真：　　02584451206 "。

(5) 启动 BOS 任务系统。

```
(void)bBosRun(TRUE);
```

3) JZA_vAppEventHandler

此函数为事件处理函数，协议栈周期性的调用，闪烁 LED1 告诉用户主节点上的程序正常运行。

关键语句解释如下。

使 LED1 闪烁。

```
(void) bBosCreateTimer(vToggleLED, &u8Msg, 0, (APP_TICK_PERIOD_ms
/ 10), &u8TimerId);
```

2. 从节点加入网络

从节点加入网络的程序在 JN5139_WSN_Router.cbp 工程文件中的 WSN_Router.c 程序中。其加入网络的流程如图 10-24 所示。

下面将对流程中涉及到的具体函数进行说明。

1) AppColdStart

此函数是整个程序的入口，Jennic 程序都是由 boot loader 来启动和引导的，在 boot loader 引导完成以后就会自动调用 AppColdStart 函数。此函数中完成了物联网从节点加入网络时的初始化过程，包括选择信道和 PAN ID，并且调用初始化函数 vInit。

关键语句解释：

(1) 选择 ZigBee 网络使用的信道。

```
JZS_sConfig.u32Channel = WSN_CHANNEL;
```

(2) 选择 PAN ID。

```
JZS_sConfig.u16PanId = WSN_PAN_ID;
```

(注：WSN_CHANNEL=21，WSN_PAN_ID=0xADED，在 WSN_Profile.h 当中设置，与主节点所选的信道和 PAN ID 相同，这样就和主节点在同一个 ZigBee 网络当中。)

(3) 调用初始化函数。

```
vInit();
```

2) vInit

此函数对 ZigBee 协议栈和从节点的硬件进行初始

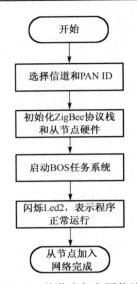

图 10-24　从节点加入网络流程

化，最后启动了 BOS 一个小型的任务系统，然后我们的程序就在这个小型系统的调度下开始工作，进入不同的事件处理函数。

关键语句解释：

(1) 初始化 ZigBee 协议栈。

```
JZS_u32InitSystem(TRUE);
```

(2) 初始化从节点上的 3 个 LED 灯，使它们熄灭。

```
vLEDControl(0,0);
vLEDControl(1,0);
vLEDControl(2,0);
```

(3) 初始化马达，马达停转。

```
vAHI_DioSetDirection(0,E_State_Motor);
vAHI_DioSetOutput(0,E_State_Motor);
```

(4) 初始化 LED0，使它熄灭。

```
vAHI_DioSetDirection(0,E_State_LED);
vAHI_DioSetOutput(0,E_State_LED);
```

(5) 初始化串口。

```
vSerial_Init();
```

(6) 初始化传感器。

```
vInitSensors();
```

(7) 启动 BOS 任务系统。

```
(void)bBosRun(TRUE);
```

3) JZA_vAppEventHandler

此函数为事件处理函数，协议栈周期性的调用，闪烁 LED2 告诉用户从节点上的程序正在运行。

关键语句解释：

使 LED2 闪烁。

```
(void) bBosCreateTimer (vAppTick, &u8Msg, 0, (APP_TICK_PERIOD_ms
/ 10), &u8TimerId);
```

4) JZA_vStackEvent

参数如下：

(1) eEventId，表示协议栈发生的事件的类型。

(2) *puStackEvent，指向协议栈事件的指针。

(3) 返回值：无。

协议栈发生网络事件的时候调用此函数，对相应事件进行处理，在物联网从节点成功加入网络以后会点亮 LED1。

关键语句解释如下。

处理从节点加入成功的语句。

```
case JZS_EVENT_NWK_JOINED_AS_ROUTER:
  {
    vAHI_UartWriteData(E_AHI_UART_0, eEventId);
    u8State = E_STATE_JOINED;
    vLEDControl(2,1);    //点亮 LED1，表明该从节点成功加入网络
    break;
  }
```

此外，在主节点中，当从节点加入网络成功的时候，会在 LCD 显示屏上显示"从节点加入成功"，此程序也在 JN5139_WSN_Coordinator.cbp 工程文件中的 WSN_Coordinator.c 程序中。

关键语句解释如下。

```
case JZS_EVENT_AUTHORIZE_DEVICE:       //从节点加入成功时的处理
  {      LCD_initial();
       Display_Picture(pic1);//在主节点的 LCD 显示屏上显示"节点加入成功"
       vWaitLong(5);
     break;
  }
```

3. 从节点向主节点周期性发送数据

从节点向主节点周期性发送数据的程序在 JN5139_WSN_Router.cbp 工程文件中的 WSN_Router.c 程序中，其流程如图 10-25 所示。

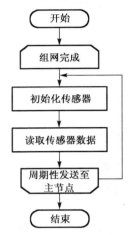

图 10-25　从节点向主节点周期性发送数据

下面将对流程中涉及的具体函数进行说明。

1）vInitSensors

此函数中完成了从节点上传感器的初始化。

关键语句解释如下。

（1）初始化温湿度传感器。

```
sTempHumiditySensor.eState = E_STATE_READ_TEMP_HUMID_IDLE;
```

（2）初始化光强传感器。

```
sLightSensor.eState = E_STATE_READ_LIGHT_IDLE;
```

（3）初始化读电池电量的传感器。

```
sBattSensor.eState = E_STATE_READ_BATT_VOLT_IDLE;
```

2）vAppTick

参数：*pvMsg，u8Param。

返回值：无。

读取传感器的数据，并且周期性地将读取的数据发送至主节点。

关键语句解释如下。

（1）读取传感器的数据。

```
vReadLight();                          //读取光强
```

```
vReadTempHumidity();                    //去读温湿度
vReadBatteryVoltage();                  //读取电池电压
```

（2）向主节点发送数据。

```
vSendData();
```

3）vSendData

此函数中将从节点读取的温湿度等数据发送至主节点，并且将所得温湿度等数据与事先设定的相应阈值做比较，使从节点的硬件做出相应的反应。

关键语句解释如下。

（1）定义将要发送的数据包。

```
AF_Transaction_s asTransaction[1];
```

（2）定义将要发送的消息数据长度为 9 个字节。

```
asTransaction[0].uFrame.sMsg.u8TransactionDataLen = 9;
```

（3）将读取的光强值分高低位存到发送数组中。

```
asTransaction[0].uFrame.sMsg.au8TransactionData[0]= sLightSensor.
u16LightReading;
asTransaction[0].uFrame.sMsg.au8TransactionData[1] = sLightSensor.
u16LightReading >> 8;
```

（4）将读取的温度值分高低位存到发送数组中。

```
asTransaction[0].uFrame.sMsg.au8TransactionData[2]= sTempHumiditySensor.
u16TempReading;
asTransaction[0].uFrame.sMsg.au8TransactionData[3] = sTempHumiditySensor.
u16TempReading >> 8;
```

（5）将读取的湿度值分高低位存到发送数组中。

```
asTransaction[0].uFrame.sMsg.au8TransactionData[4]= sTempHumiditySensor.
u16HumidReading;
asTransaction[0].uFrame.sMsg.au8TransactionData[5]= sTempHumiditySensor.
u16HumidReading >> 8;
```

（6）将从节点的 ID 号存到发送数组中。

```
asTransaction[0].uFrame.sMsg.au8TransactionData[6] = APPLICATION_ID;
```

（7）将读取的电池电压值分高低位存到发送数组中。

```
asTransaction[0].uFrame.sMsg.au8TransactionData[7] = sBattSensor.
u16Reading;
asTransaction[0].uFrame.sMsg.au8TransactionData[8]=
```

```
sBattSensor.u16Reading >> 8;
```

(8) 光强阈值设为 0x32（即 50），若低于 50，LED0 灭；若高于 50，LED0 亮。

```
if (lit < 0x32)                              //光强低于 50
{
    vAHI_DioSetDirection(0,E_State_LED);     //输出口
    vAHI_DioSetOutput(E_State_LED,0);        //低电平，LED0 灭
}
else
{
    vAHI_DioSetDirection(0,E_State_LED);     //输出口
    vAHI_DioSetOutput(0,E_State_LED);        //高电平，LED0 亮
}
```

(9) 温度阈值设为 0x19（即 25），若高于 25，马达转动；若低于 25，马达不转。

```
if (tem > 0x19)                              //温度高于 25 度
{
    vAHI_DioSetDirection(0,E_State_Motor);   //输出口
    vAHI_DioSetOutput(E_State_Motor,0);      //高电平，启动马达
}
else
{
    vAHI_DioSetDirection(0,E_State_Motor);   //输出口
    vAHI_DioSetOutput(0,E_State_Motor);      //低电平，马达不转
}
```

(10) 湿度阈值设为 0x50（即 80），若高于 80，马达转动；若低于 80，马达停转。

```
if (hum > 0x50)                              //湿度高于 80
{
    vAHI_DioSetDirection(0,E_State_Motor);   //输出口
    vAHI_DioSetOutput(E_State_Motor,0);      //高电平，马达转动
}
else
{
    vAHI_DioSetDirection(0,E_State_Motor);   //输出口
    vAHI_DioSetOutput(0,E_State_Motor);      //低电平，马达停转
}
```

(11) 电池电量阈值设为 0x09c4（即 2500），若低于 2500，LED3 亮；若高于 2500，LED3 灭。

```
        if (bat < 0x09c4)    //电压低于 2500
    {
        vLEDControl(0,1);    //点亮 LED3
    }
    else
    {
        vLEDControl(0,0);    //熄灭 LED3
    }
```

4. 主节点接收数据并在 LCD 屏上显示

主节点接收数据并在 LCD 屏上显示的程序在 JN5139_WSN_Coordinator.cbp 工程文件中的 WSN_Coordinator.c 程序中。其流程如图 10-26 所示。

下面将对流程中涉及到的具体函数进行说明。

1）JZA_bAfMsgObject

参数如表 10-1 所示。

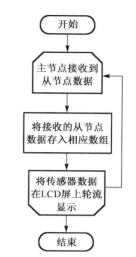

图 10-26　主节点接收数据
并在 LCD 屏上显示

表 10-1　参数及用途

名称	用途
eAddrMode	目标地址模式
u16AddrSrc	传感器节点源地址
u8SrcEP	源地址的传感器节点标号
u8LQI	
u8DstEP	目标地址的传感器节点标号
u8ClusterID	Cluster_ID 号
*pu8ClusterIDRsp	指向所发送的数据区
*puTransactionInd	
*puTransactionRsp	

函数返回值为 bool_t 类型的值。

此函数中对接收到的从节点的数据进行处理，将其存入相应的数组中。

关键语句解释如下。

（1）将接收到的光强的高低位数据分别赋值。

```
        u16Light = puTransactionInd->uFrame.sMsg.au8TransactionData[1];
    u16Light  = u16Light << 8;
        u16Light |= puTransactionInd->uFrame.sMsg.au8TransactionData[0];
```

（2）将接收到的温度的高低位数据分别赋值。

```
        u16Temperature  = puTransactionInd->uFrame.sMsg.
```

```
                                au8TransactionData[3];
          u16Temperature = u16Temperature << 8;
          u16Temperature |= puTransactionInd->uFrame.sMsg.
                                au8TransactionData[2];
```

(3)将接收到的湿度的高低位数据分别赋值。

```
          u16Humidity = puTransactionInd->uFrame.sMsg.
          au8TransactionData[5];
          u16Humidity = u16Humidity << 8;
          u16Humidity |= puTransactionInd->uFrame.sMsg.
          au8TransactionData[4];
```

(4)将接收到的从节点的 ID 存入 Node ID 变量中。

```
          NodeId = puTransactionInd->uFrame.sMsg.au8TransactionData[6];
```

(5)将接收到的电池电量的高低位数据分别赋值。

```
          u16BattVoltage = puTransactionInd->uFrame.sMsg.
          au8TransactionData[8];
          u16BattVoltage = u16BattVoltage << 8;
          u16BattVoltage |= puTransactionInd->uFrame.sMsg.
          au8TransactionData[7];
```

(6)将从节点的数据存入 Data 数组当中。

```
          if (NodeId == 0x31)//根据不同的 ID 号将传感器节点数据存入对应的数组
          {
              flag[0]=1;
              id[0]=NodeId;
               …
               …
          if (!sensor5.bStart)
              {
                  sensor5.bStart = TRUE;
              }
          }
```

(注：因为此段程序过长，所以在此就不一一列出，详细语句参见程序中相应函数。)

2)vShow

参数：*pvMsg，u8Dummy。

返回值：无。

此函数中将接收到的从节点的数据在主节点的 LCD 显示屏上轮流显示。

关键语句解释如下。

(1) 用变量 i 指示第 i+1 个从节点。

```
static int i = 0;
```

(2) 若主节点中存放了第 i+1 个从节点的数据，并且此时主节点的 LED3 亮，则在 LCD 屏上显示该从节点的数据。

```
if (flag[i])    //flag[i]=1 表示主节点中存有该节点的数据
{
    flag[i] = 0;
    if (Sensorflag)    //如果 LED3 亮，此时允许显示传感器节点的数据
    {
      Make_Picture(i+1,pic3,96,224);
      Display_Data(Data[i],pic3,battstate[i]);//Data[i]当中存放
                                          //了该节点的数据
      Display_Picture(pic3);    //在显示屏上显示该从节点的数据
      Clear_Data(Data[i]);      //显示过后将存放该数据的数组清零
    }
    else
    {
      Display_Picture(pic);     //如果 LED3 灭，则显示初始化界面
    }
}
```

(3) 周期性调用该函数，则会在 LCD 屏上轮流显示已加入的从节点的数据。

```
(void)bBosCreateTimer(vShow, &u8Msg, 0, (Show_PERIOD_ms / 10), &u8TimerId);
```

10.3　实验设备与软件环境

硬件：物联网主节点 1 个，物联网从节点 5 个，PC 1 台，要求 Pentium III 800MHz、内存 256MB 以上，至少支持 1024×768 分辨率的显示器，串口连接线 (1 公 1 母) 1 条，7.5V 电源 1 个。

软件：Windows 98 以上操作系统，Jennic CodeBlocks，Jennic Flash Programmer。

10.4　实验内容与步骤

10.4.1　安装软件

按照实验原理中步骤安装软件。

10.4.2　打开工程文件并编译程序

将 Semit_Controller、Semit_Sensor1、Semit_Sensor2 、Semit_Sensor3 文件夹复制到安装目录（如 C:\）下的 Jennic\cygwin\jennic\SDK\Application 目录下，按照实验原理所说步骤打开相应工程文件，并且将这 4 个程序一一编译。

10.4.3　烧写程序

将上一小节中编译生成的二进制文件按照实验原理中所说步骤分别烧写到物联网主节点和 5 个从节点当中。

10.4.4　运行平台

(1)程序烧写完毕以后，首先重新给物联网主节点上电，当观察到 LED1 闪烁的时候，表明主节点正常运行，已成功开启网络。

(2)将 5 个从节点的电源打开，LED2 闪烁表示程序正常运行。当它们成功加入网络的时候，将会在主节点的 LCD 显示屏上显示"节点成功加入"。

(3)当从节点成功加入网络以后，按下主节点的按键"左"，当 LED3 点亮的时候，主节点 LCD 显示屏上会轮流显示 5 个从节点发送给主节点的数据。再次按下按键"左"，LED3 熄灭，LCD 屏上显示的是初始化界面。

(4)将某个从节点的电源关闭，则在主节点的 LCD 屏上会有该从节点断开的提示。

10.5　预　习　要　求

(1)了解物联网实验开发平台的硬件，即物联网主节点和从节点。
(2)了解物联网实验开发平台数据收发实验核心代码。

10.6　实验报告要求

(1)记录实验观察到的现象。
(2)回答思考题。

10.7　思　考　题

本实验中仅仅是物联网从节点向主节点发送数据，能否在源码的相应函数中添加语句，使得主节点可以向从节点发送控制信息？

第 11 章　物联网在智能家居方面的综合开发案例

11.1　引　　言

本开发案例设计了基于物联网的家用电器及设施智能化管理系统，用于对家庭内部的空调、热水器、电灯、冰箱、洗衣机等电器设施进行智能化管理。系统的组成结构如图 11-1 所示。

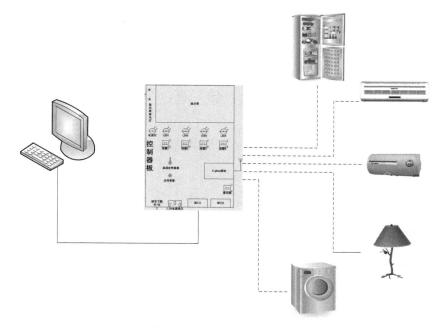

图 11-1　系统的组成结构图

用户可通过物联网对家用电器进行控制和巡检，家电也可根据传感器数据和用户命令进行自动控制和响应。

本系统基于 ZigBee 嵌入式开发平台，PC 用于显示、存储家电数据和非正常现象的通知，并把控制家电的信号发送给主节点；主节点使用的是 ZigBee 主节点，一方面负责接收各家电节点传来的光强、温湿度数值和电池电量，在显示屏上轮流实时显示，并把这些数据发送给 PC；另一方面接收 PC 传来的家电控制信号，转发给家电节点。家电节点用各个 ZigBee 从节点来模拟，收集周围环境的光强、温湿度数值，然后和家电的运行情况一起发送给主节点，由主节点根据传感器数据进行自动控制，接收 PC 通过主节点发送的控制信号并做出响应。

智能家居系统向学生展现了一个典型的通过 ZigBee 技术组成物联网的应用案例。学生可以通过本案例软件系统的剖析，结合通用传感器和数据无线收发实验的有关知识，理解并分析如下内容：

- 家电节点与主节点通过 ZigBee 模块相互收发数据的方法；
- PC 与主节点通过 RS232 相互收发数据的方法；
- 家电运行的两种模式，根据传感器数据自动控制和用户控制家电响应；
- ZigBee 无线传感器网络的实际应用场景及其主要作用；
- 物联网技术在组网、巡检、控制方面的应用；
- 以此案例为基础进行功能扩展和性能优化。

基于本案例，学生可以扩展出基于 ZigBee 技术物联网的其他应用功能，例如添加报警功能、防火防盗的智能安防系统等。还可延伸到室外的智能农业，通过传感器检测农田内的数据，远程监控农作物的生长环境等。

11.2 实 验 流 程

本实验通过 ZigBee 实现主节点和家电从节点之间的联网和数据传输，示意如图 11-2 所示。

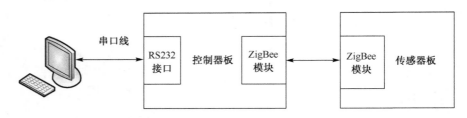

图 11-2　数据传输示意图

具体流程如下：

(1) PC 端通过串口线与主节点建立连接。

(2) 主节点通过 ZigBee 模块与家电终端建立连接。

(3) 家电终端把环境参数和运行情况通过无线链路发送给主节点。

(4) 主节点通过串口把环境参数和运行情况传到 PC 端。

(5) PC 把用户输入的控制信息通过串口传给主节点。

(6) 主节点把收到的控制信息通过无线链路转发给家电终端。

11.3　基　本　原　理

11.3.1　主节点与从节点之间的数据收发

从节点的 vSendData 函数，把从板上传感器读到的环境参数和板上标识家电运行的马达、LED 灯的运行情况，构建成相应的数据包发送给主节点。其中，环境参数的读取由函数 vReadTempHumidity、vReadLight 得到，每次开关马达和 LED 灯时会及时把它们的运行情况在数据包中做修改。数据包存在数组 asTransaction[0].uFrame.sMsg.au8TransactionData 中，长度为 12 位，前 9 位存放的是要发送的环境参数；后 3 位分别是 LED0、马达、LED3 的运行情况。

主节点在 JZA_bAfMsgObject 函数中接收从节点发送来的 MSG 数据，计算环境参数，并和运行情况一起存入数组 Data。

主节点的 vSendData 函数主要用于把控制信息发送给从节点，以广播的方式发送。

从节点在 JZA_bAfMsgObject 中接收处理主节点发送来的控制信息。先判断目标 id 与自己的节点 id 是否相符，相同的话，把接收到的马达、LED 灯运行指令存入数组 runcontrol，或把接收到的环境参数阈值分别赋给变量 lightlimit、templimit、humlimit。注意，从节点要有正确定义的 simple descriptor，否则就不能正确接收别的节点发送来的数据。在启动协议栈时调用 afmeAddSimpleDesc 来定义。

11.3.2　主节点与 PC 之间的数据收发

主节点调用 vTxSerialDataFrame 函数把数组 Data 中的各从节点的环境参数和运行情况由串口输出。

主节点在函数 JZA_vPeripheralEvent 中接收由 PC 串口发送来的数据。接收到的数据依次存入数组 cCommandBuffer，再做相应处理。

11.3.3　从节点的自动控制与响应

从节点用 runcontrol 来分别表示板上工作设备 LED0、马达、LED3 的运行模式。当 runcontrol 的值为 0x61 时，表示处于 auto 模式，相应的工作设备受环境参数自动控制；当 runcontrol 的值为 0x62 时，表示处于 open 模式，相应的工作设备打开工作；当 runcontrol 的值为 0x63 时，表示处于 close 模式，相应的工作设备关闭工作。

11.4　实验设备与软件环境

硬件：PC 1 台，物联网主节点 1 个，物联网从节点 3 个，电池盒 3 个，1.5V 电池 6 个，串口电缆线（公母）1 根，5V 电源 1 个。

软件：Windows 操作系统，Jennic Flash Programmer，Semit 物联网实验开发平台配套软件。

11.5　实验内容与步骤

11.5.1　下载程序

通过串口连接线，将主节点的串口 1 与 PC 的串口相连，将主节点的烧写下载开关拨到"开"状态。

启动 Jennic Flash Programmer，然后给板子上电，单击 Refresh 按钮，如果能看到正常的 MAC 地址被读取，可以确认所有的连接和供电是正常的，否则请重新连接，如图 11-3 所示。

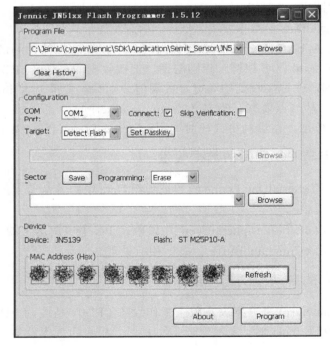

图 11-3　Jennic Flash Programmer 界面

单击 Browse 按钮，选择已编译好的 JN5139_WSN_Coordinator.bin 文件。单击 Program 按钮把程序写入板子。断电，然后把烧写下载开关拨到"关"状态，重新上电即可运行。

从节点的烧写步骤与控制器板类似，重复上述步骤，将每块板子都烧好即可。

11.5.2　建立网络

打开主节点电源，电源灯亮，LED1 闪烁，LCD 屏上显示欢迎信息。

打开从节点电源，电源灯亮，LED1 亮，LED2 闪烁，主节点的 LCD 屏上显示"节点已加入"。

11.5.3　主节点显示从节点的信息

主节点上的左键按下，LCD 屏上轮流显示加入从节点的光强、温湿度数值。再按一次，取消本次显示操作。

上键按下，LCD 屏上轮流显示加入从节点的 Bulb、LED 灯、Beep 的运行情况，"1"代表关，"2"代表开。再按一次，取消本次显示操作。

11.5.4　实验软件操作

用串口连接线把主节点的串口 1 与 PC 的串口相连。

启动配套实验软件，进入"智能家居控制系统"的主界面，如图 11-4 所示。

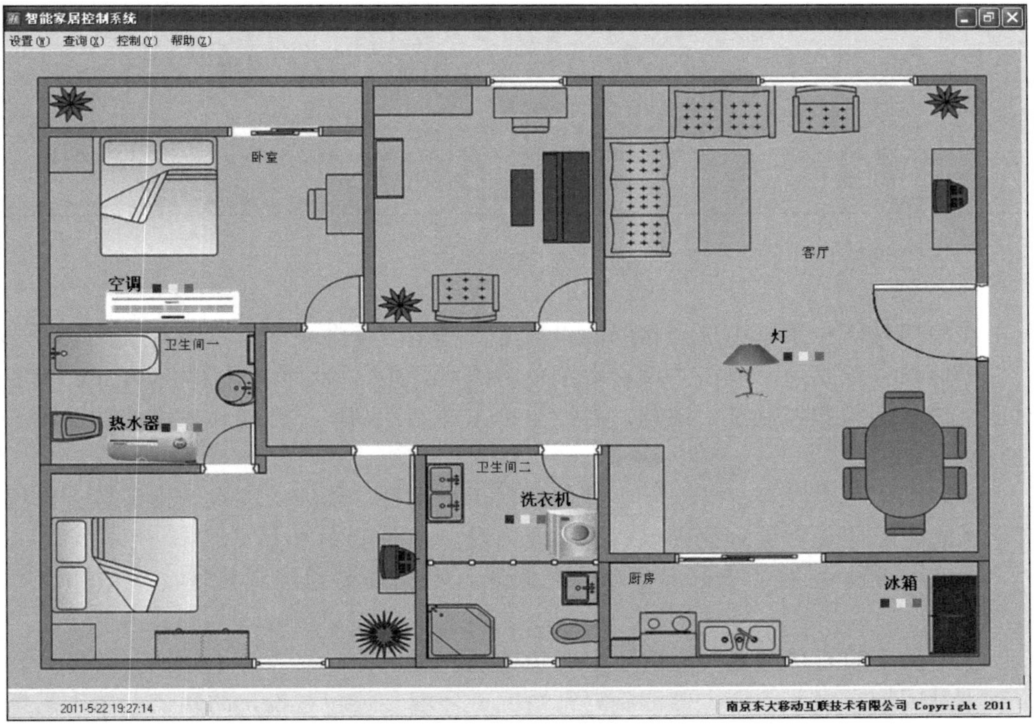

图 11-4　智能家居控制系统主界面

　　在左上角的"设置"菜单中单击"串口",弹出串口设置窗口,如图 11-5 所示。

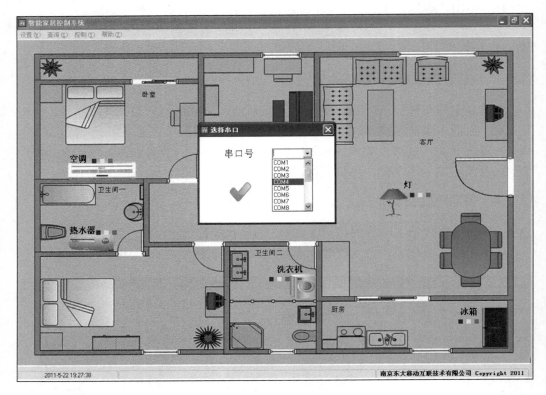

图 11-5　选择串口号

　　在串口号下拉菜单中选择相应的串口号,单击"√"确认,单击"×"取消。

　　串口设置正确后,单击"设置"菜单中的"开始"。此时打开了串口,PC 就能对家电进行巡检和控制了。注意,若没有单击开始,则以下巡检和控制的功能无法进行。

　　若有家电节点没有打开或发生异常没有正常运行,相应的家电图标旁边会出现提示信息,家电正常运行后则该信息不会出现,如图 11-6 所示。

　　没有正常运行的节点,部分功能受限制,不能查询和控制其环境参数和运行情况。

　　主界面上装有传感器节点的家电旁边分别有红、黄、绿 3 个小灯,开始以后,若有小灯闪烁,表示该家电监测到异常情况,环境参数超过设定的阈值。单击闪烁的灯,会跳出提示信息,如图 11-7 所示。

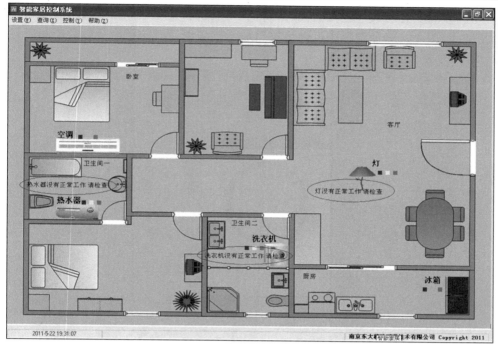

图 11-6 家电异常信息提示

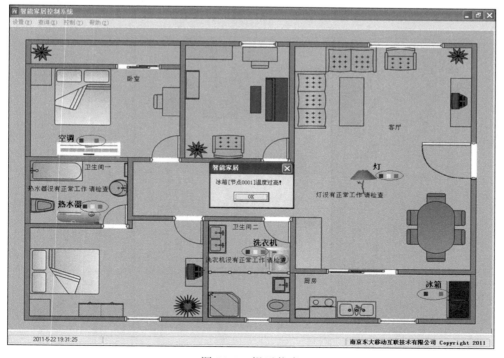

图 11-7 提示信息

在主界面上右击家电名称的标签，将显示包括"光强"、"温度"、"湿度"、"运行情况"的菜单。选择菜单项，弹出窗口显示该家电实时的环境参数数值和运行情况，如图11-8～图11-11所示。

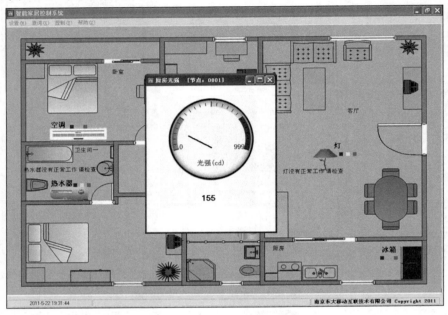

图 11-8　厨房主演实时情况

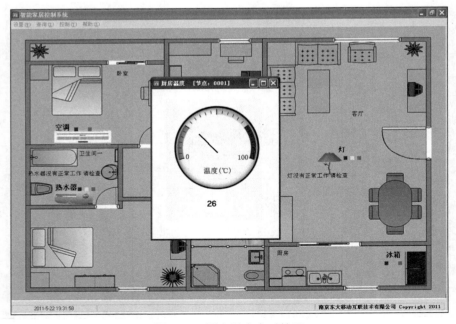

图 11-9　厨房温度实时情况

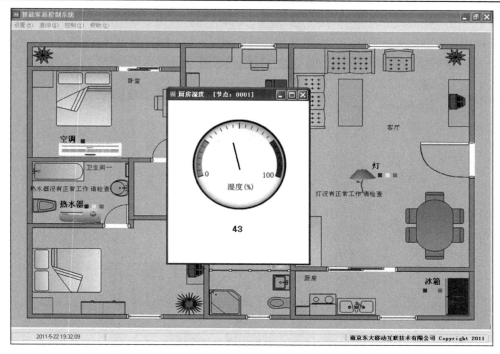

图 11-10　厨房温度实时情况

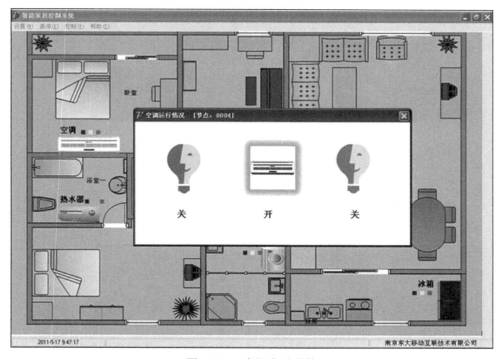

图 11-11　空间实时参数

在左上角查询菜单中选择"历史曲线图",再选择要查询的家电,将自动访问数据库相应的表,弹出窗口显示相应家电的环境参数曲线图,并不断实时更新,如图 11-12 所示。

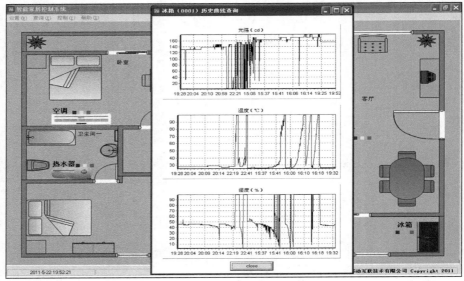

图 11-12　家电的历史曲线图

在查询菜单中选择"历史数据表",再选择要查询的家电,将自动访问数据库相应的表,弹出窗口将环境参数的历史数据以表格的形式显示,如图 11-13 所示。

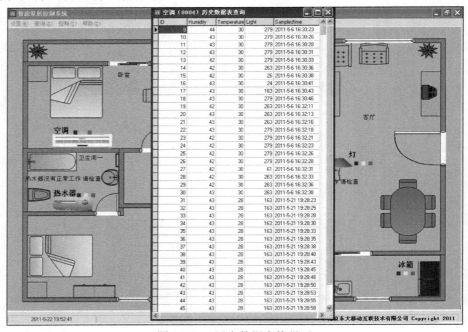

图 11-13　历史数据表格显示

　　在左上角控制菜单中选择"家电运行模式"和目标家电，如图 11-14 所示。弹出选择框，家电上的 Bulb、LED 灯、Beep 分别有 3 种运行模式：auto、open、close，选择希望的运行模式，按"√"确认，按"×"取消，如图 11-15 所示。

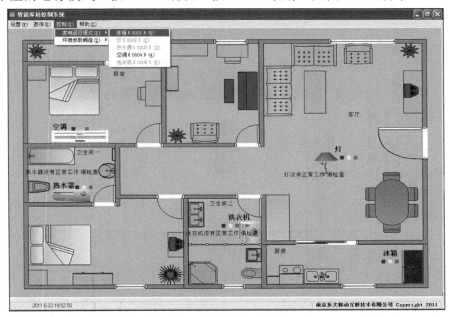

图 11-14　选择家电运行模式

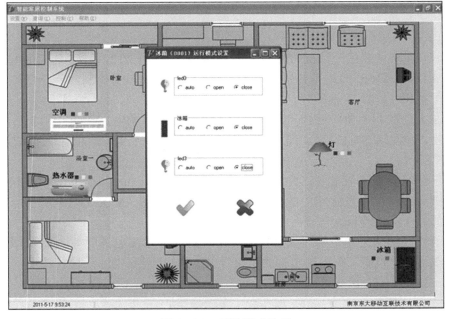

图 11-15　三种模式选择

　　确认后自动跳出描述该家电运行情况的窗口，可以看到家电的运行情况发生相应的变化，如图 11-16 所示。

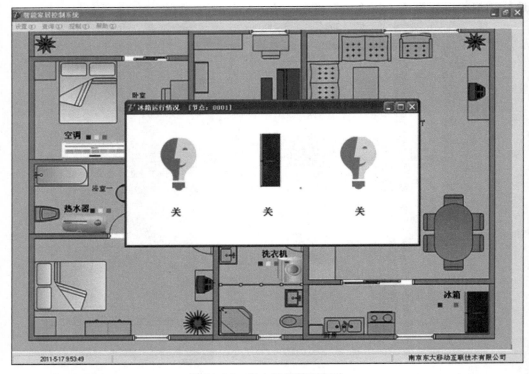

图 11-16　家电运行情况更改

　　此时，该家电的运行情况不受环境参数和按键影响。同上步骤，选择 auto 模式，Bulb、LED 灯、Beep 的运行分别受光强、温度、湿度的自动控制，若环境参数决定其为关，按键 1、2、3 也能分别改变其开关。

　　在左上角控制菜单中选择"环境参数阈值"和目标家电，如图 11-17 所示。弹出输入框，输入要求的光强、温度、湿度阈值，按"√"确认，按"×"取消，如图 11-18 所示。

　　由于环境参数阈值改变，此时若家电的运行模式为 auto，会根据环境参数自动控制，则运行情况会发生相应的变化。系统主要操作流程如图 11-19 所示，3 种运行模式如图 11-20 所示。

　　关于软件的使用和说明，在菜单帮助中选择，异常情况说明如图 11-21 所示。

　　在左上角"设置"菜单中选择"结束"，即可停止对家电的巡检和控制，退出实验软件，如图 11-22 所示。

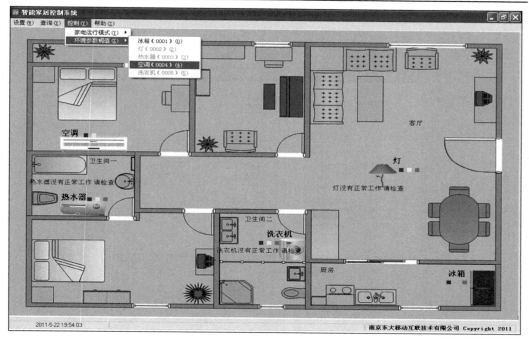

图 11-17　环境参数阈值

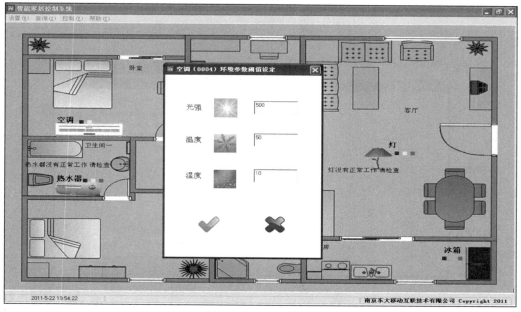

图 11-18　auto 模式

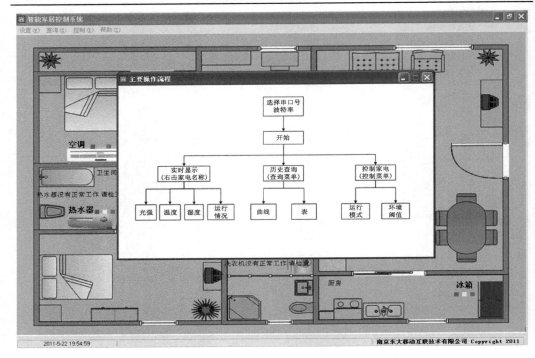

图 11-19　系统主要操作流程

图 11-20　三种运行模式

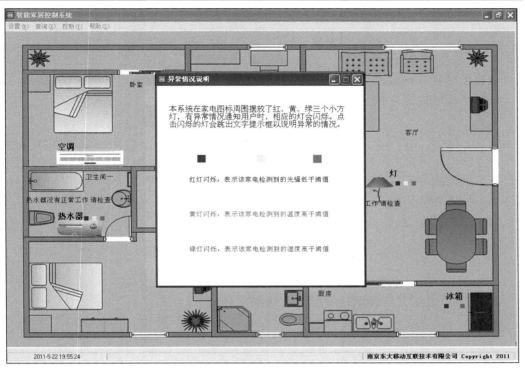

图 11-21　软件的使用和说明

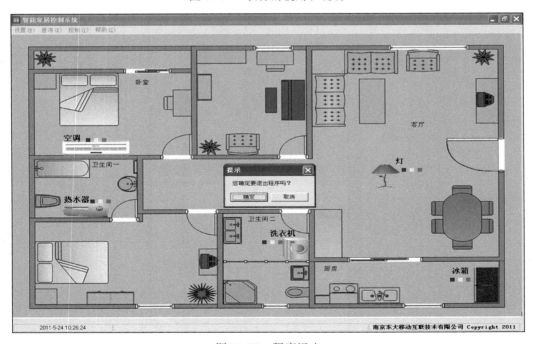

图 11-22　程序退出

11.6　预　习　要　求

(1) 了解物联网技术。

(2) 了解智能家居的深刻内涵。

11.7　实验报告要求

(1) 编写程序实现主节点与从节点之间数据收发的功能。

(2) 编写程序实现主节点与 PC 之间数据收发的功能。

(3) 回答思考题。

11.8　思　考　题

本案例涉及的基于物联网实验还有哪些实际应用？

第 12 章　物联网在智慧农业方面的综合开发案例

12.1　引　　言

　　智慧农业是农业生产的高级阶段，是集新兴的互联网、移动互联网、云计算和物联网技术为一体的智能化系统。它依托部署在农业生产现场的各种传感节点(环境温湿度、土壤水分、二氧化碳等)和无线通信网络，实现农业生产环境的智能感知、智能预警、智能决策、智能分析，为农业生产提供精准化种植、可视化管理、智能化决策。

　　本开发案例设计了基于物联网的智慧农业系统，用于对农业生产中的水分灌溉、大棚温湿度调节和光照强度选择进行智能化控制。系统的组成结构如图 12-1 所示。

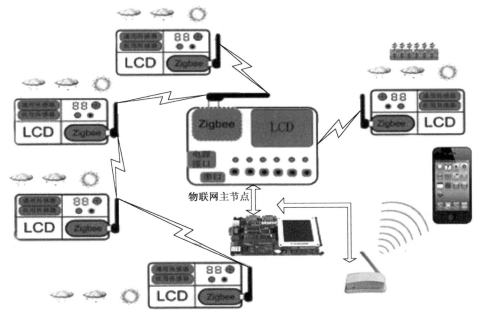

图 12-1　智慧农业系统组成结构图

　　本系统基于 ZigBee 嵌入式开发平台，嵌入式平台用于显示农田土壤水分、大棚内光强和温湿度数值，并把控制信号发送给主节点；ZigBee 主节点负责接收各从节点传来的光强、温湿度以及土壤水分数值，并把这些数据发送给嵌入式平台，同时，接收嵌入式平台传来的控制信号，转发给各从节点；各从节点收集周围环境的光强、温湿度数值和土壤水分情况一起发送给主节点，并能对嵌入式平台通过主节点发送的控制信号做出响应；GSM 模块用于接受嵌入式平台发出的报警消息，并把信息进行远程传送。

智慧农业系统向学生展现了一个典型的通过 ZigBee 技术组成物联网的应用案例。学生可以通过本案例软件系统的剖析，结合通用传感器、数据无线收发以及蜂窝网络接入实验的有关知识，理解并分析如下内容：

(1)物联网从节点与主节点通过 ZigBee 模块相互收发数据的方法。

(2)嵌入式平台与主节点通过 RS232 相互收发数据的方法。

(3)嵌入式平台通过 RS232 控制 GSM 模块的方法。

(4)ZigBee 无线传感器网络的实际应用场景及其主要作用。

(5)物联网技术在组网、巡检、控制方面的应用。

(6)以此案例为基础进行功能扩展和性能优化。

基于本案例，学生可以扩展出基于 ZigBee 技术物联网的其他应用功能，例如添加二氧化碳浓度自动控制功能等。还可将其应用到室内的智能家居，通过传感器检测家用电器的数据，远程控制家用电器等。

12.2　实　验　流　程

本实验通过 ZigBee 实现主节点和从节点之间的联网和数据传输，示意图如图 12-2 所示。

图 12-2　数据传输示意图

具体流程如下：

(1)嵌入式平台通过串口线与主节点建立连接。

(2)主节点通过 ZigBee 模块与从节点建立连接。

(3)从节点把数据通过无线链路发送给主节点。

(4)主节点通过串口把数据传到嵌入式平台。

(5)嵌入式平台把控制信息通过串口传给主节点。

(6)主节点把收到的控制信息通过无线链路转发给从节点。

12.3　基　本　原　理

12.3.1　主节点与从节点之间的数据收发

从节点的 vSendData 函数，把从板上传感器读到传感器数据构建成相应的数据包发送给主节点。其中，传感器数据的读取由函数 vReadTempHumidity、vReadLight 等函数完成。

主节点的 vSendData 函数主要用于以广播的方式把控制信息发送给从节点。

从节点在 JZA_bAfMsgObject 中接收处理主节点发送来的控制信息。先判断目标 id 与自己的节点 id 是否相符，相同的话，根据接收的信息，把相应外设进行修改。

12.3.2　主节点与嵌入式开发板之间的数据收发

主节点调用 vTxSerialDataFrame 函数把数组 Data 中的各从节点的传感器数据由串口输出。

主节点在函数 JZA_vPeripheralEvent 中接收由 ARM 板串口发送来的数据。接收到的数据依次存入数组 cCommandBuffer，再做相应处理。

12.4　实验设备与软件环境

硬件：S3C2440 嵌入式开发平台(带触摸屏)，物联网主节点 1 个，物联网从节点 5 个，GSM/GPRS 模块一个，SIM 卡 1 张(开通 GPRS 功能)，电池盒 5 个，1.5V 电池 15 个，串口公母连接线 2 根，双母线 1 根，5V 电源 2 个，7.5V 电源 1 个。(注：如果 PC 没有串口可用 USB 转串口线增加一个串口)

软件：RedHat 9.0 以上 Linux 操作系统，Jennic Flash Programmer，S3C2440 嵌入式开发实验软件，SEMIT 物联网实验开发平台配套软件。

12.5　实验内容与步骤

12.5.1　下载程序

通过串口公母连接线，将主节点的串口 1 与 PC 的串口相连，将主节点的烧写下载开关拨到"开"状态。启动 Jennic Flash Programmer，然后给板子上电，单击 Refresh 按钮，如果能看到正常的 MAC 地址被读取，可以确认所有的连接和供电是正常的，否则请重新连接，如图 12-3 所示。

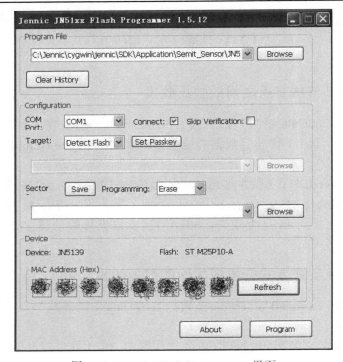

图 12-3   Jennic Flash Programmer 界面

单击 Browse 按钮，选择已编译好的 JN5139_WSN_Coordinator.bin 文件。单击 Program 按钮把程序写入板子。断电，然后把烧写下载开关拨到"关"状态，重新上电即可运行。

从节点的烧写步骤与控制器板类似，重复上述步骤，将每块板子都烧好即可。

12.5.2   建立网络

打开主节点电源，电源灯亮，LED1 闪烁，LCD 屏上显示欢迎信息。

打开从节点电源，电源灯亮，LED1 亮，LED2 闪烁，表示从节点已加入。

12.5.3   实验软件操作

用串口连接线把主节点的串口 1 与嵌入式平台的串口 1 相连，把 GSM 模块与嵌入式平台的串口 2 相连。打开 GSM 模块开关，等待一段时间后会听见 GSM 模块发出"吱吱"声，如未发出声音，则重新启动 GSM 模块。

在"物联网应用层实验"程序组中，单击"智慧农业"图标，进入智慧农业控制系统的主界面，如图 12-4、图 12-5 所示。

注：请勿连续单击界面图标，以免出现卡机，每次单击后请等待系统响应。

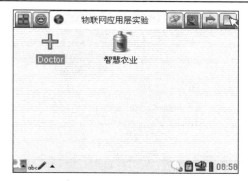

图 12-4　物联网应用层标签

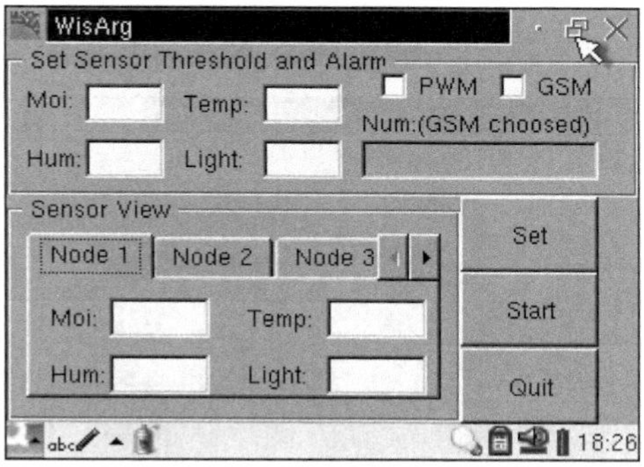

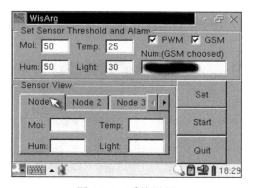

图 12-5　智慧农业控制系统主界面

在左上角设置智慧农业系统的各个阀值,在右上角对嵌入式平台警告模式进行勾选,设置完毕后单击 Set 按钮保存设置,如图 12-6 所示。

图 12-6　系统设置

单击 Start 按钮让程序开始运行,然后开启物联网主节点,接着依次开启 5 个从节点(第一个开启的从节点配有土壤水分传感器),如图 12-7 所示。

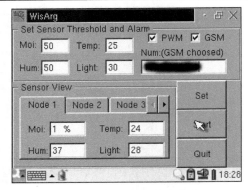

图 12-7　第一个从节点信息

单击标签栏 Node1～Node 5"可看到各个从节点的传感器信息，如图 12-8 所示。

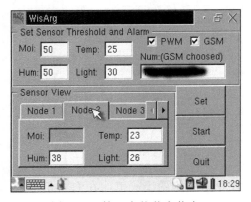

图 12-8　第二个从节点信息

单击标签栏 Total 按钮可看到物联网主节点发给嵌入式平台各个从节点的传感器信息，如图 12-9 所示。

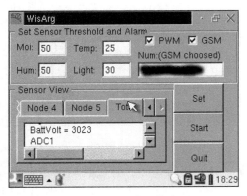

图 12-9　传感器信息

本软件支持物联网从节点断线重连，断开后对应标签下的数据便会消失，如图 12-10 所示。

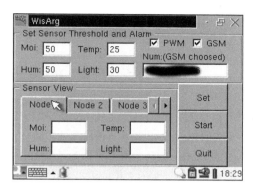

图 12-10　断开后的从节点一

重连之后，对应标签下的信息会立刻与从节点传感器信息同步。

单击 Quit 按钮，退出智慧农业系统。

12.6　预　习　要　求

(1) 了解物联网技术。

(2) 了解智慧农业的深刻内涵。

12.7　实验报告要求

(1) 编写程序实现主节点与从节点之间数据收发的功能。

(2) 编写程序实现主节点与嵌入式平台之间数据收发的功能。

(3) 回答思考题。

12.8　实验思考题

本案例涉及的基于物联网实验还有哪些实际应用？

参 考 文 献

范红等. 2011. 物联网安全技术体系研究[C]. 第 26 次全国计算机安全学术交流会论文集. (9):5-8

恒睿科技. 2008. RMU900+ UHF RFID MODULE DATASHEET

黄玉兰. 2012. 射频识别（RFID）核心技术详解[M]. 北京：人民邮电出版社

金纯. 2008. ZigBee 技术基础及案例分析 [M]. 北京：国防工业出版社

康琳，高文华. 2008. 基于 JN5139 ZigBee 模块的温湿度监测系统[J].电子测量技术

李虹. 2010. 物联网：生产力的变革[M]. 北京：人民邮电出版社

刘云浩. 2011. 物联网导论[M]. 北京：科学出版社

宁焕生，王炳辉. 2009. RFID 重大工程与国家物联网[M]. 北京：机械工业出版社

瞿雷，刘盛德，胡咸斌. 2007. ZigBee 技术及应用 [M]. 北京：北京航空航天大学出版社

吴功宜. 2010. 智慧的物联网——感知中国和世界的技术[M] 北京：机械工业出版社

信息产业部. 2007. 800MHz/900 MHz 频段射频识别（RFID）技术应用规定（试行）

周洪波. 2010. 物联网：技术、应用、标准和商业模式[M]. 北京：电子工业出版社

周晓光，王晓华，王伟. 2008. 射频识别（RFID）系统设计、仿真与应用[M]. 北京：人民邮电出版社

邹生，何新华. 2010. 物流信息化与物联网建设[M]. 北京：电子工业出版社

Drew Gislason. 2008. ZigBee Wireless Networking[M]. London: Newnes

EPCglobal Inc. 2008. EPC Radio-Frequency Identity Protocols Class-1 Generation-2 UHF RFID Protocol for Communications at 860～960 MHz Version 1.2.0[S]

Hadalzone. 2008. HD0015M 用户手册[R]